超越设计课

建筑快题设计指南

1895 Design 团队　编著

机械工业出版社

这不是一本纯粹关于建筑手绘或是快题技法的书籍，而是一本以建筑方案设计为核心，以建筑方案的优化过程为重要内容的建筑快题设计书籍。本书第 1 章为建筑快题设计表达解析，从不同工具的表达特色出发提供绘制技巧，并对技术作图进行分解讲述；第 2 章为建筑快题设计的起点与过程，涵盖了方案设计从解题到构思全过程的所有重要环节的思考要点和思路选择；第 3 章为常考建筑类型设计原理，涵盖了九个类型建筑的设计要点；第 4 章为优秀建筑快题设计示范与赏析，通过对不同建筑快题的设计表达、解题构思等方面进行对比评析，加深读者对建筑快题设计的理解与思考。

本书适合建筑学及相关专业的在校学生和从业人员参考使用，对于建筑快题设计的初学者来说，具有较高指导意义。

图书在版编目（CIP）数据

建筑快题设计指南 / 1895 Design 团队编著 . —北京：机械工业出版社，2018.2（2022.1重印）

（超越设计课）

ISBN 978-7-111-58509-1

Ⅰ .①建…　Ⅱ .① 1…　Ⅲ .①建筑设计　Ⅳ .① TU2

中国版本图书馆 CIP 数据核字（2017）第 283204 号

机械工业出版社（北京市百万庄大街 22 号　邮政编码 100037）

策划编辑：时　颂　责任编辑：时　颂

责任校对：樊钟英　封面设计：鞠　杨

责任印制：常天培

北京华联印刷厂印刷

2022 年 1 月第 1 版第 5 次印刷

210mm×285mm・15.5 印张・436 千字

标准书号：ISBN 978-7-111-58509-1

定价：88.00 元

凡购本书，如有缺页、倒页、脱页，由本社发行部调换

电话服务　　　　　　　　　网络服务

服务咨询热线：010-88361066　机 工 官 网：www.cmpbook.com

读者购书热线：010-68326294　机 工 官 博：weibo.com/cmp1952

　　　　　　　010-88379203　金 书 网：www.golden-book.com

封面无防伪标均为盗版　教育服务网：www.cmpedu.com

本书集合了 1895 Design 团队核心讲师的建筑快题高分攻略，融合多年教学和实战的经验，结合优秀建筑快题作品，进行优缺点解析并优化学习方向，力争给读者具有建设性的建筑快题设计思考方法和操作路径。

此外，本书一大重要突破是将建筑快题设计的过程拆解成为几大部分，通过专题讲解分别介绍各个设计环节需要思考的设计要点和可遵循的设计策略。而这部分内容在国内的出版物中少之又少，描述如何把设计概念具体落实到设计过程中的书籍基本没有，因此这也是我们出版本书的动力！

在开始正式讲解之前，希望读者树立一个基本观念，打破可能困扰大家的一些疑问。

疑问 1：现阶段有诸多社会机构、团体或个人对建筑快题设计有不同的定义和理解，有推崇手绘的，有设计至上的，哪种是正确的？

解答：都有道理，但都太片面。在我们看来，应该是以设计为核心、表现为辅助来完成整个建筑快题设计，二者缺一不可，即能够在规定时间内准确、清晰、完整地表达出自己的设计理念。

建筑快题设计主要包括两个大的方面：图面表达和方案设计。这两者共同组成了一套完整的建筑快题，它们的比重和分量是不同的。表达，就是大家经常提到的表现，它的作用主要有两点，其一是能够体现出设计者的建筑基本素养和设计态度，是否能在规定时间内完成；其二是为了方案而服务，能够清晰明确地表达自己的设计思想。方案，就是考查作者的设计能力的，包含场地设计、平面功能分区设计、流线组织、空间设计、造型立面设计和竖向设计等诸多方面，是建筑快题设计的最核心的内容，也是检验建筑快题好坏的根本标准，更是大家最需要提高的方面。

我们可以这样描述二者的关系，表达是从属于方案的，建筑快题设计分数的高低也是依照设计来评判的。因此，想要提升建筑快题设计的能力，设计是关键，当然，表达也不能走"极端化"。我们所说的"极端化"分为两种，一种是对表达过于轻视，导致通过阅读整个图纸不能够读懂设计者的设计理念和思路，即表现得太差；另一种则是对表现过分重视，把大段的时间倾注在表现上，从而压缩了设计的时间，虽然图面看似漂亮了，但反倒得不偿失，有的甚至由于过分装点（如一些装饰的饰带等）反倒影响了阅卷时的清晰度。由此说来，表达要遵循两个原则就足够了——清晰和准确，即用美观的表达方式来表达清楚自己的设计。本书也是主要围绕整个建筑快题的表达和方案两个部分展开，基本契合当下的建筑快题设计潮流，适合建筑快题备考的同学进行参考和学习。

疑问 2：建筑快题设计的分类及区别是什么？

解答：建筑快题设计根据时间长短可以分为 3 小时快题、6 小时快题和 8 小时快题。3 小时建筑快题一般出现在入职考试中和考研复试快题考试中。3 小时通常考查小规模建筑、概念性建筑物、构筑物设计或具有某种意境的空间设计等。具体的考查内容有售楼处、咖啡厅、小茶室、大门设计、主题雕塑、冥想空间、园林中的文化小筑等。6 小时建筑快题几乎出现在所有高校的考研初试建筑快题考试中，6 小时快题通常考查中小型规模的公共建筑的场地设计、功能分区、流线组织、空间设计和造型设计等，具体涉及的建筑类型十分广泛，包括观览类、商业类、文教类、办公类、旅宿类、医疗养老类、改造类、体育类、交通类等，因此掌握这些常考建筑类型的设计要点十分重要。8 小时快题一般出现在本科课程设计中，是考查综合建筑快题实力的一门功课，在考查具体内容和题目设置上与 6 小时快题基本一致，但由于时间较长，会对整体图纸的表达和排版有更高的要求。

本书是 1895 Design 团队集体的研究成果，本着查漏补缺、精益求精的态度，我们一直通过不断的完善希望呈现给大家最高效有益的教材成果，希望能对大家起到最好的引导和教授作用。在此，感谢所有 1895 Design 团队成员的辛勤付出。

本次出版得力于机械工业出版社的大力支持，在此对负责本书的时颂编辑表示感谢！

最后，祝大家学有所成！

编　者

目录 Content

第 1 章　建筑快题设计表达解析

1.1 钢笔表现

目标

（1）清晰、准确、严谨地表达出自己的设计理念。

（2）熟练表达，增加思考时间。

（3）马克笔建筑快题表达的效果图是吸睛神器，必须练好。

（4）马克笔建筑的色彩选用很重要但并不唯一，要记住两点：①色彩搭配；②明暗关系。

注：表达不是表现，表现是绘画、艺术，不属于建筑快题设计的范畴，它的落脚点是美观、绚丽；而表达的落脚点在于清晰、准确。

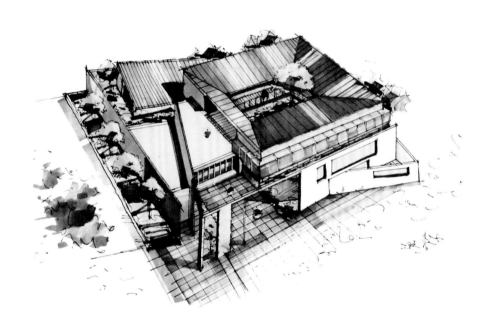

1.1.1 工具

1. 铅笔

铅笔是不可或缺的，但每个人的习惯不同，可根据个人不同喜好而定，一般常用 2B 的木杆铅笔画草图，然后再上墨线，或在画成图时使用 2H 铅笔，2H 铅笔比较浅，不容易弄脏图面。当然，也可以使用自动铅笔，但不适宜在做方案阶段使用，因为自动铅笔不利于产生设计的感觉。应注意的是，使用铅笔画图时不要将图面蹭脏，否则不利于马克笔上色。

2. 绘图笔

不一样的绘图笔会有不一样的效果。常用的是晨光小红帽中性笔，白雪走珠笔，价格也较适宜。其他的还有针管笔，如红环、施德楼、樱花等品牌，推荐使用红环一次性针管笔，其笔头软硬适中，笔感顺滑，容易掌握，墨水干得比较快，适宜在效果图上使用；施德楼的一次性针管笔下笔较稳，适宜在绘制平面图时使用。钢笔或美工笔不易掌握，没有美术基础的不建议使用。

3. 马克笔

马克笔是上手最快，最容易出效果的上色工具，当然彩铅等也可以配合使用。马克笔的品牌比较多，如 Touch、科贝、法卡勒、霹雳马、遵爵等，大家可根据自己喜好和习惯决定自己用什么牌子。各个牌子的颜色，笔触都不同。

4. 草图纸

建筑师必备纸，要提前裁到适宜大小，不能太大，顺手即可。

5. 高光笔

不同于修正液，它干得比较快且控制性强，可以用于效果图的表现，但不建议多用。

6. 其他

橡皮、比例尺、美工刀、丁字尺、平行尺、坐标纸、圆模板等。

1.1.2　线条

原则：放松 呼吸 出头 始终

1. 基本线条

初学者在画线条时往往手腕僵硬，画出来的线条也呆板，不好看。这个时候一定要掌握正确的拿笔姿势，时刻提醒自己把手腕放松，并且进行大量的排线练习以及成图临摹练习。

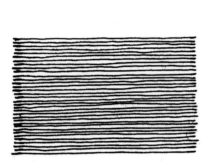

玫瑰图排线练习

2. 快线与慢线

两种风格没有好坏之分，全凭个人喜好，通常可以将两者结合使用。

快线：运笔迅速，线条刚挺，强调头尾。　　慢线：运笔放松，小曲大直，艺术表现力较强。

3. 其他线型

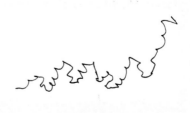

弧线：弧线较直线更难控制，画之前可以先找　　植物线：植物的画法非常多，但其根本
准关键点或者打好草稿，运笔尽量迅速流畅。　　是由一些基本类型的线条组成。

4. 暗面排线方式

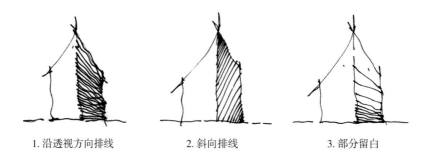

1. 沿透视方向排线　　　2. 斜向排线　　　3. 部分留白

1.1.3　透视

1. 一点透视

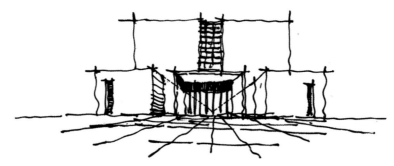

只有一个灭点，通常位于画面（建筑、场景）中心。常用于画法院、政府办公楼等对称的建筑以及室内、街景等。

2. 两点透视

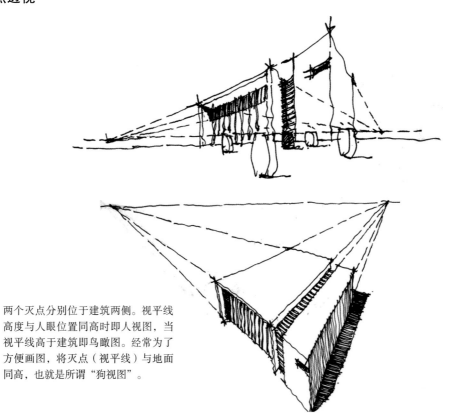

两个灭点分别位于建筑两侧。视平线高度与人眼位置同高时即人视图，当视平线高于建筑即鸟瞰图。经常为了方便画图，将灭点（视平线）与地面同高，也就是所谓"狗视图"。

3. 三点透视

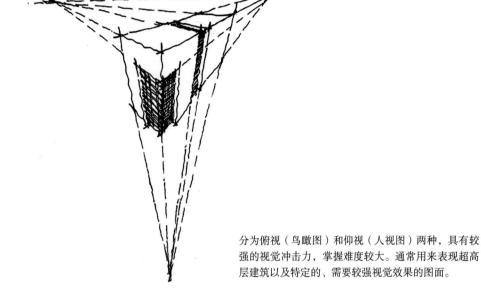

分为俯视（鸟瞰图）和仰视（人视图）两种，具有较强的视觉冲击力，掌握难度较大。通常用来表现超高层建筑以及特定的、需要较强视觉效果的图面。

4. 体块分割

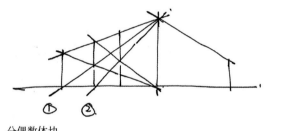

分偶数体块
透视面对角线等分

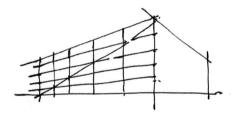

分奇数体块
透视面垂直方向等分连接对角线

1.1.4 配景

1. 树

（1）平面树。

（2）平面树曲线练习。

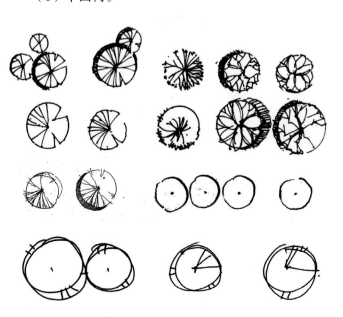

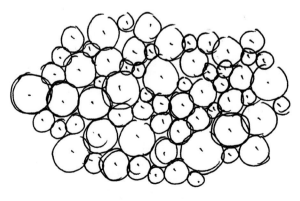

（3）立面树。

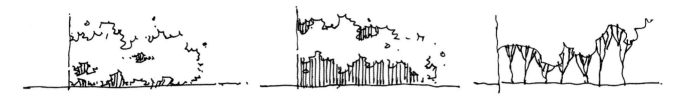

（4）人视树。

（5）鸟瞰树。

（6）灌木。

2. 水面

3. 草地

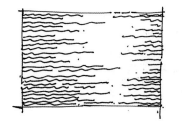

4. 人物

（1）远景人。

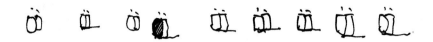

（2）中景人。

（3）近景人。

（4）组合。

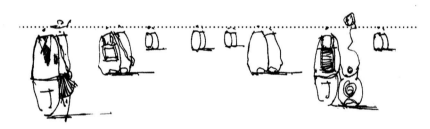

1.1.5 形体

1. 一点透视

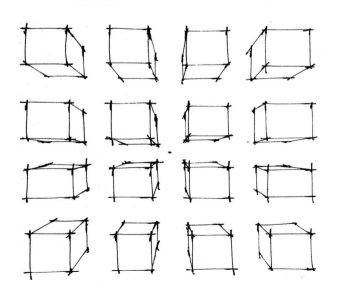

2. 两点透视

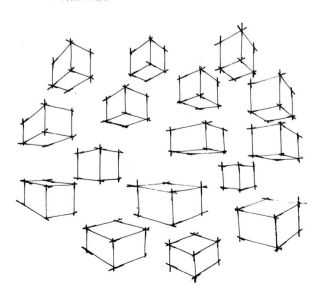

3. 鸟瞰图

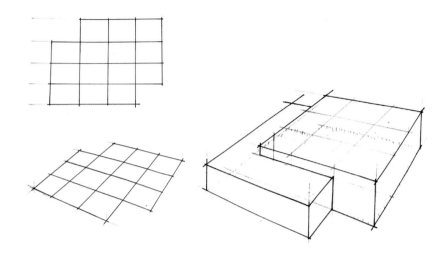

4. 综合练习范例

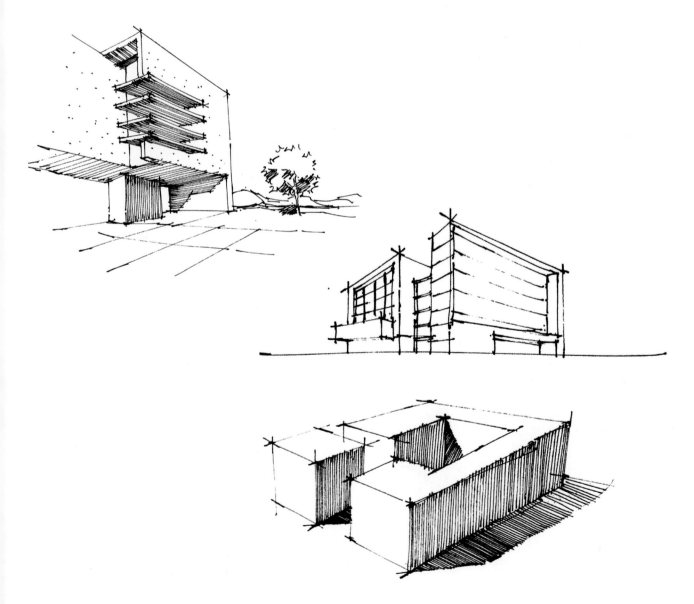

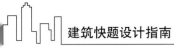
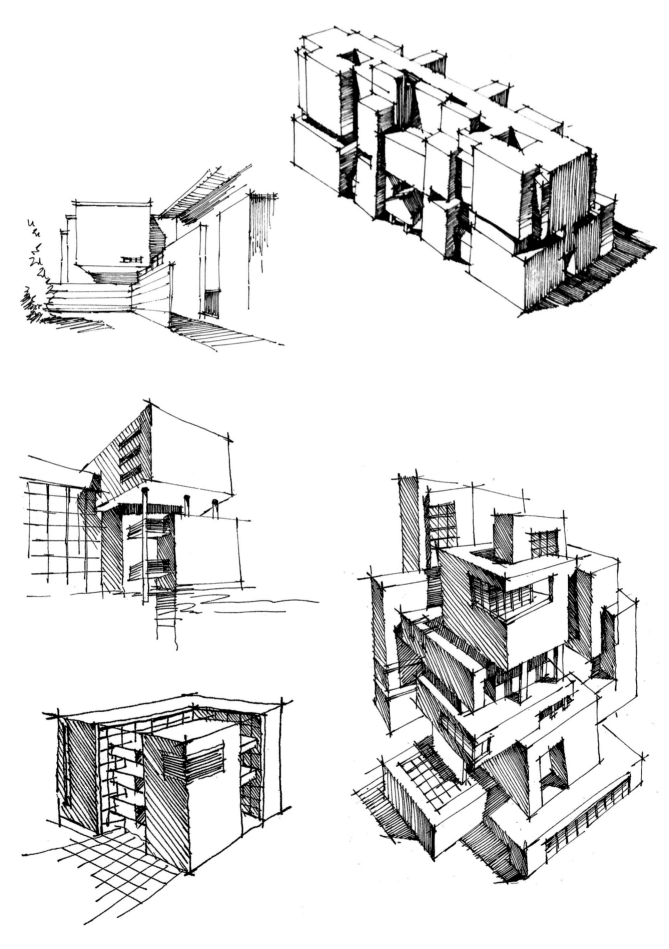

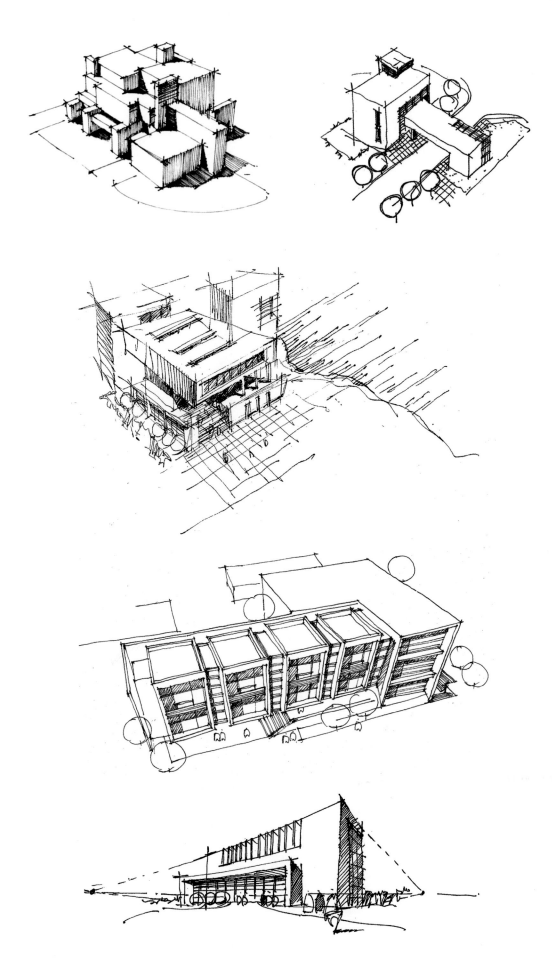

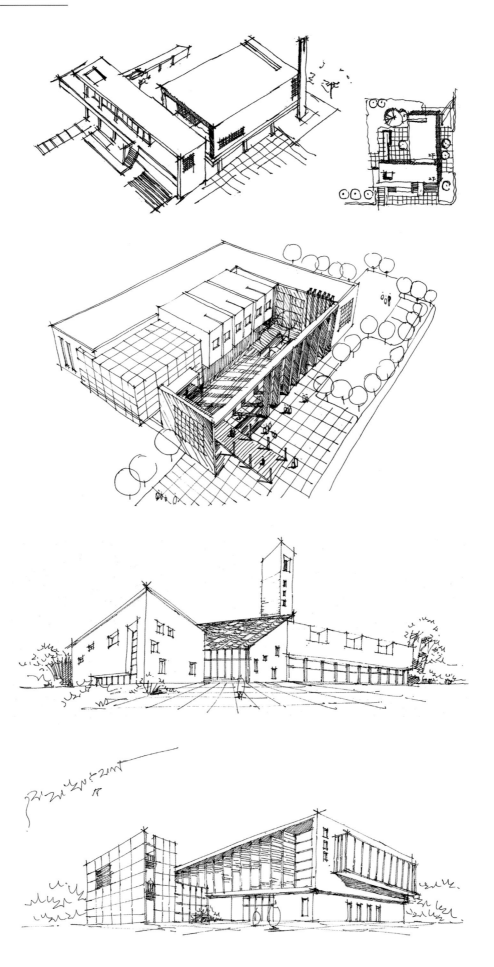

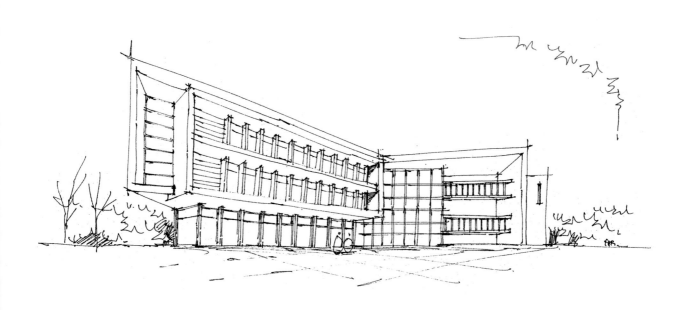

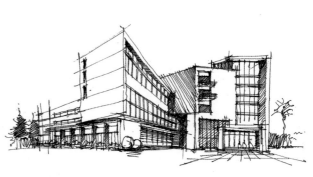

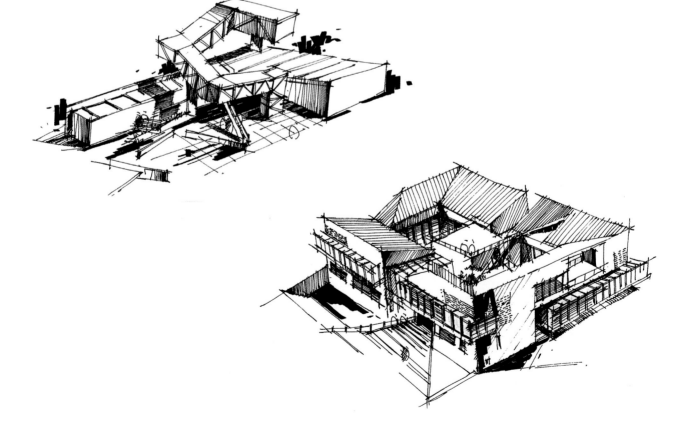

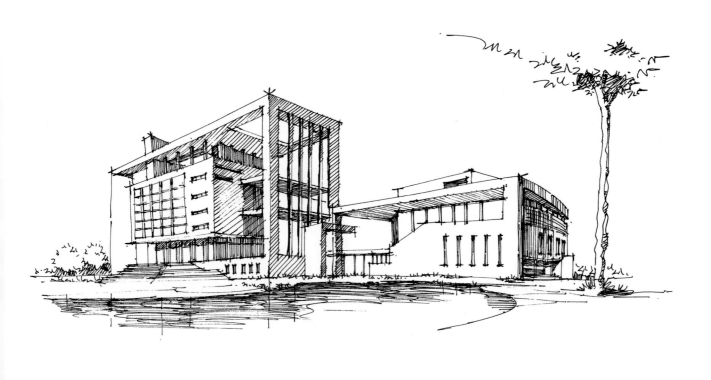

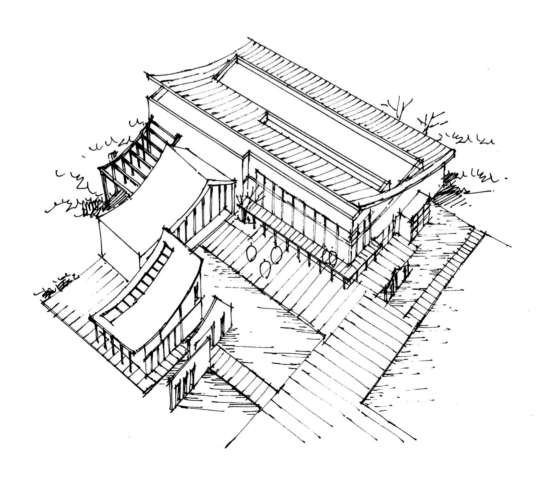

1.1.6 马克笔

1.笔触常见问题

两头颜色太重，　排列太呆板　　线不够直，　　　一头重一头轻　　交接的线　　　没有力度的点
停顿时间太长　　　　　　　　　硬度不够，太软　　　　　　　　　角度太大

2.常用笔触

湿叠法　　　　　干叠法　　　　　先浅后深　　　　先深后浅　　　　同类色渐变　　　类似色相叠

3.马克笔练习范例

（1）体块组合。

（2）道路铺装。

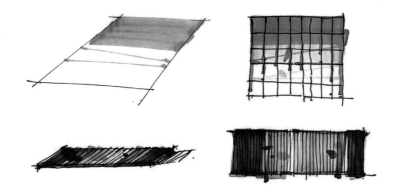

（3）玻璃。

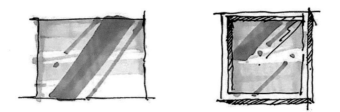

（4）水线与草地。

（5）树。

1）平面树。

2）灌木与近景树。

（6）人物。

1）远景人。

2）中景人。

3）近景人。

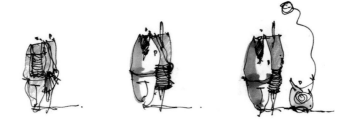

（7）墙体与幕墙。

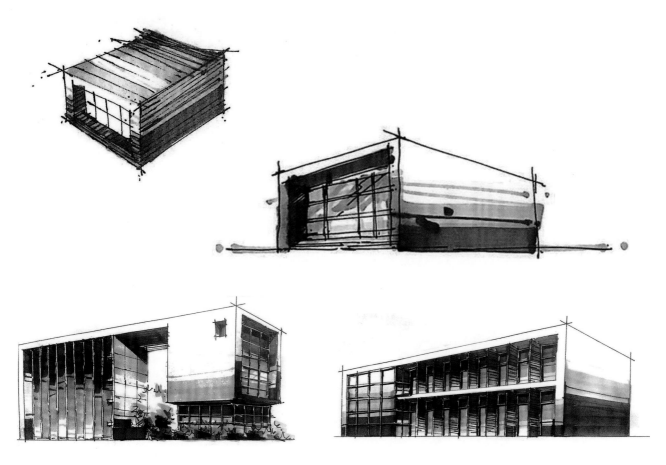

（8）综合练习范例。

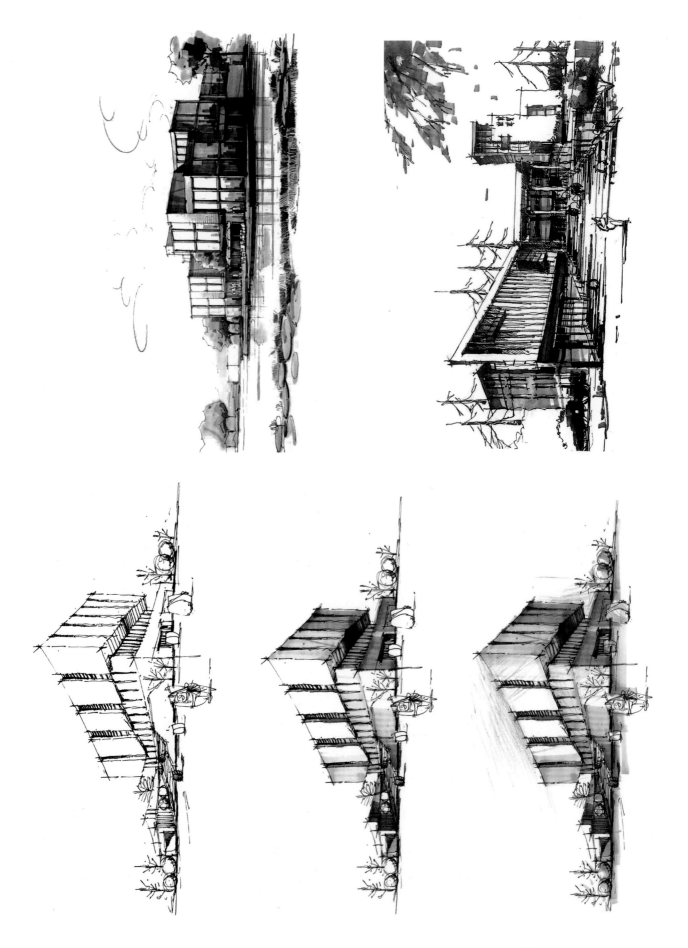

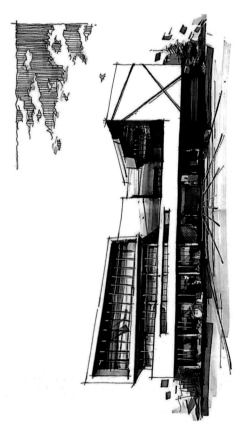

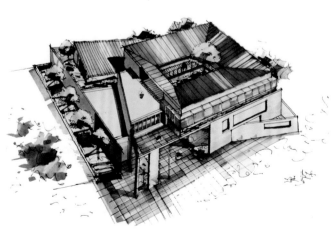

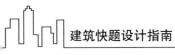
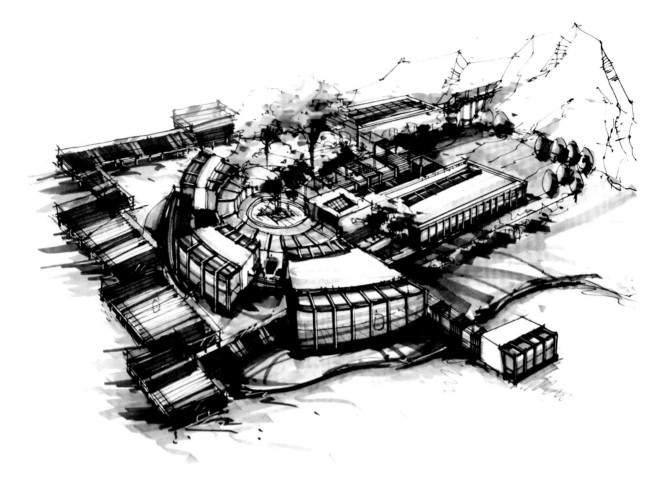

1.2 铅笔表现

目标

（1）清晰、准确、严谨地表达出自己的设计理念。

（2）熟练表达，增加思考时间。

（3）学会用线去表达。

注：表达不是表现，表现是绘画、艺术，不属于快题设计的范畴，它的落脚点是美观、绚丽；而表达落脚点在于清晰、准确。

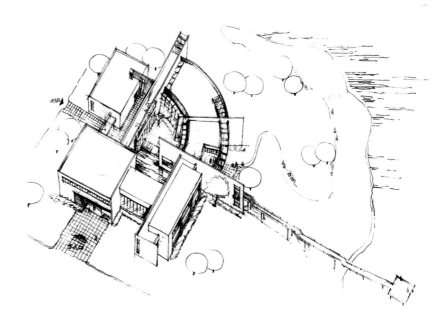

1.2.1 工具

原则上使用"B"数较高的铅笔和软度较大的炭笔，依个人习惯而定。推荐大家使用：

（1）马利 14B 炭墨绘画铅笔（亚光）——文字、细节表达。

（2）马可（软性）炭笔——大结构表达。

（3）三菱 4B 铅笔——构思、草图、底稿用。

1.2.2 线条

1. 横线　　　　　　　　　2. 竖线　　　　　　　　　3. 快短线

4. 斜线　　　　　　　　　5. 小抖线

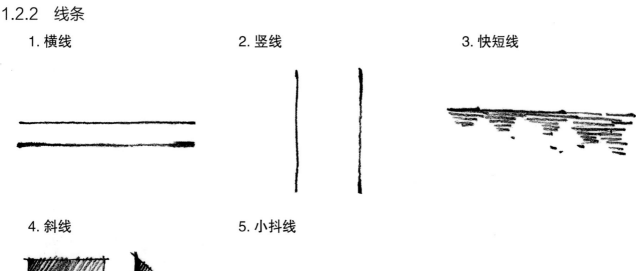

1.2.3 配景

1.树

（1）平面树。

（2）行道树。

（3）轴侧树。

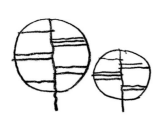

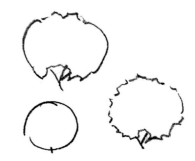

（4）立面树。

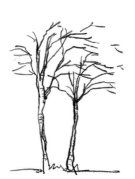

（5）平面草与灌木。

2. 水体

（1）不规则水体。

（2）规则水体。

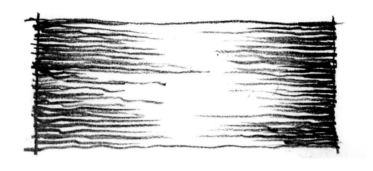

1.2.4 形体

1. 体块组合练习 1

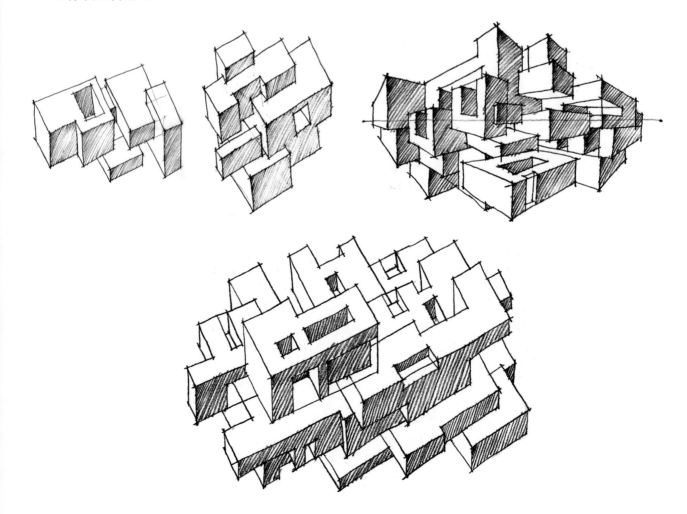

2. 体块组合练习 2

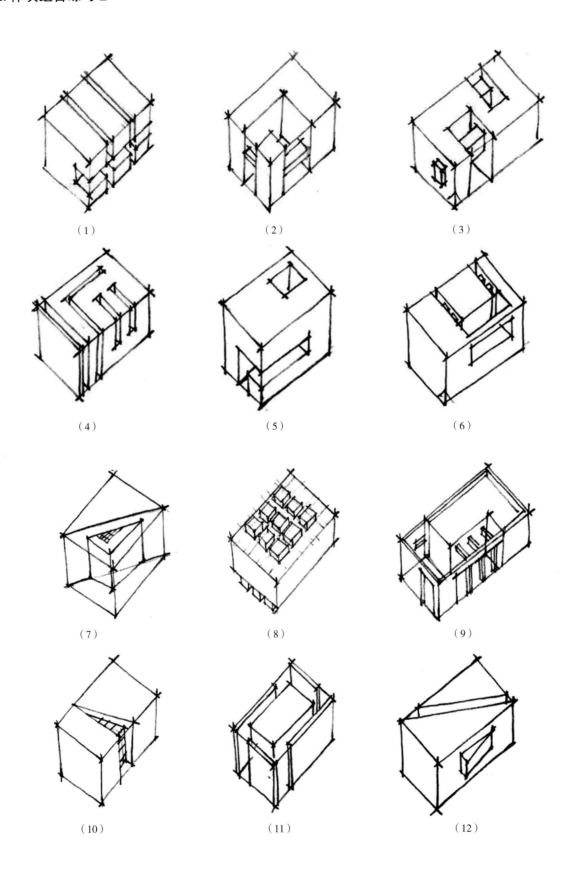

（1）　　　　　　　　（2）　　　　　　　　（3）

（4）　　　　　　　　（5）　　　　　　　　（6）

（7）　　　　　　　　（8）　　　　　　　　（9）

（10）　　　　　　　　（11）　　　　　　　　（12）

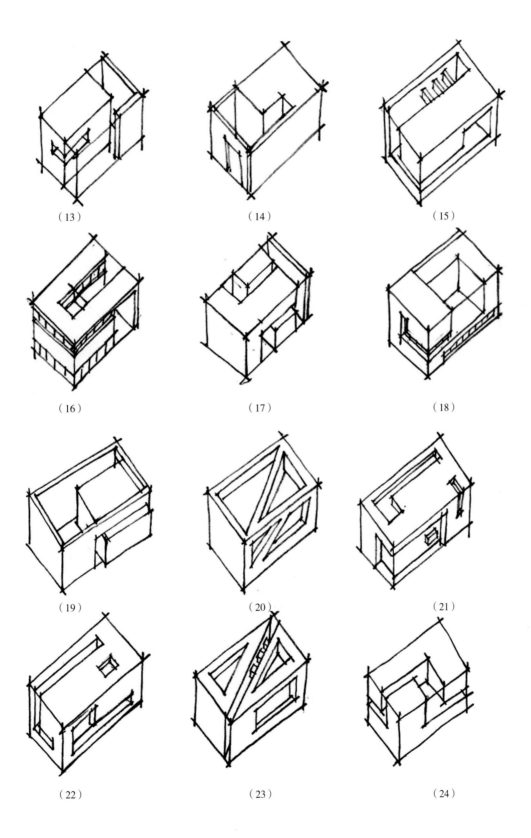

（13） （14） （15）

（16） （17） （18）

（19） （20） （21）

（22） （23） （24）

3. 综合练习范例

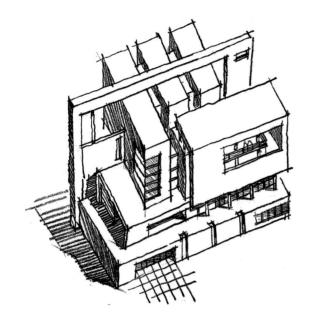

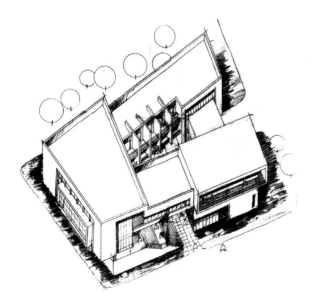

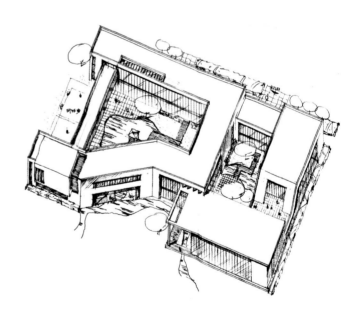

1.3 技术作图

作图时，我们需要把握住自己图面的层次关系，这一点是画图的核心。因此就要明白不仅整套图有统一的层次关系，而且平面图、立面图和最终的效果图也要把握住大的层次关系，体现出表现的条理性。然后要注意的一点是要有重点的表达，凸显自己的设计意图。在这里再强调一点，就是"表现永远是为表达清楚我们的建筑设计想法而服务的"，可见表达清楚是最为重要的，不必过分追求"美术效果"。清晰、准确和严谨的表达才是最终目的，一个快速的表达必将为更有深度的设计争取时间。

下面以一套竞赛图纸抄绘，来向大家对比展示铅笔、钢笔表现的技法，让大家更直观地看到我们平时的课程设计和快题设计的联系与不同，这一点往往困惑着很多考研的学生。另外，一套快题设计中，最主要的三张图是总平面图、首层平面图和效果图。

1.3.1 总平面图

总平面图需要表达什么，或者说需要表达到什么深度？

下面为已有案例的抄绘比较说明：

（1）道路关系。

（2）硬质铺装。

（3）绿化：草地、重点绿化，例如古树和重点的景观树、行道树。

（4）水体：已有水体和设计的水体。

（5）主次入口要明确表达清楚。

（6）红线：用地红线、道路红线、建筑红线。备注有消防距离要求的也要有清晰的表达。

（7）指北针。

（8）任务书上有的总平面图上一定要有（有些题目任务书为体现建筑的城市效益，会给一个较大的用地区域，这样我们可以选取一定的局部，还是要有最佳的说明性）。

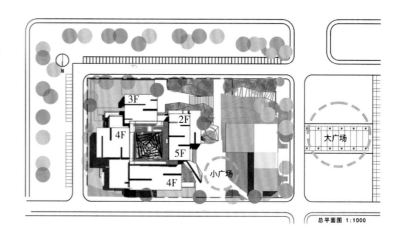

总平面图 1:1000

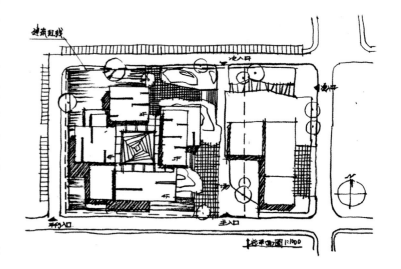

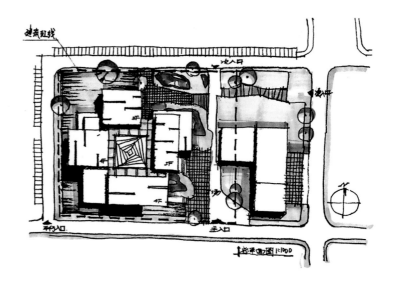

1.3.2 平面图

我们可以分以下几个部分进行绘制。

（1）绘制轴网。轴网在快题设计中的草图阶段就要设计清楚，这将是我们准确绘制首层平面图的关键，也是确定柱网的依据。

（2）绘制墙体。幕墙和实墙的厚度要从间距上做出区分，预留门洞，画出门，并且标明室内外高差，以免后期遗忘。

（3）画出卫生间、楼梯，并标出窗户的位置，加深墙体。

（4）绘制配景和部分主次入口的铺装环境。

（5）尺寸标注、文字标注、图名、指北针。

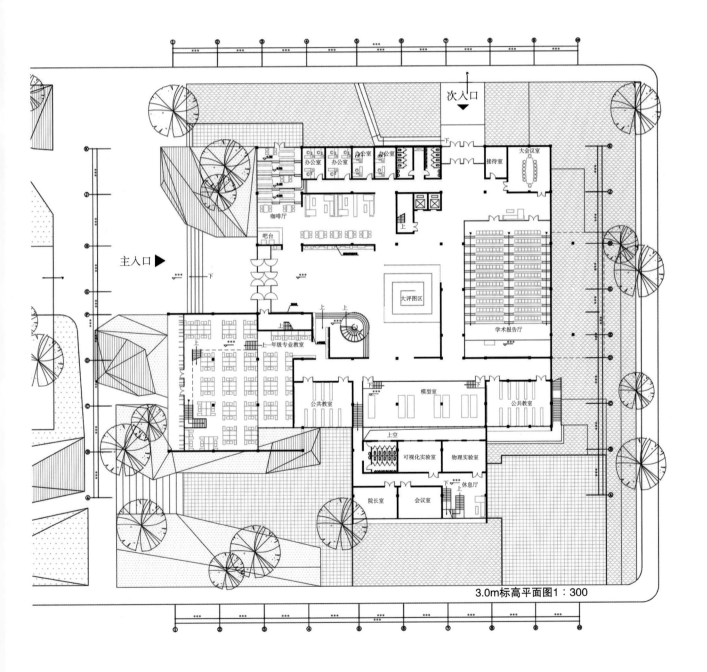

3.0m标高平面图1：300

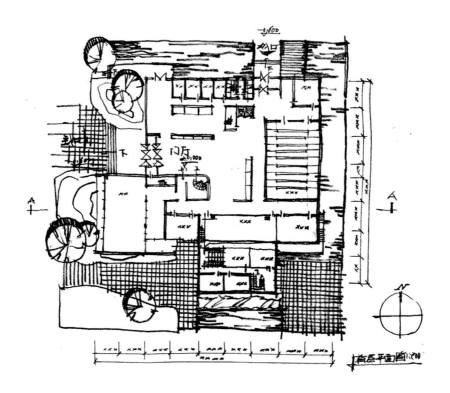

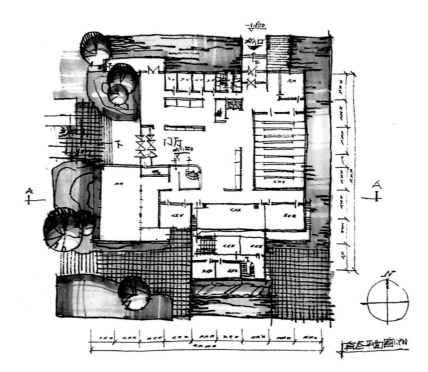

1.3.3　效果图

（1）一点透视——平行透视。

（2）两点透视——狗视图、人视图、鸟瞰图。

（3）三点透视（规划中会用到）。

（4）轴测图。轴测图更多反映的是形体的自主逻辑性，铅笔表现中是考查的重点。

下面我们以轴测图为例。

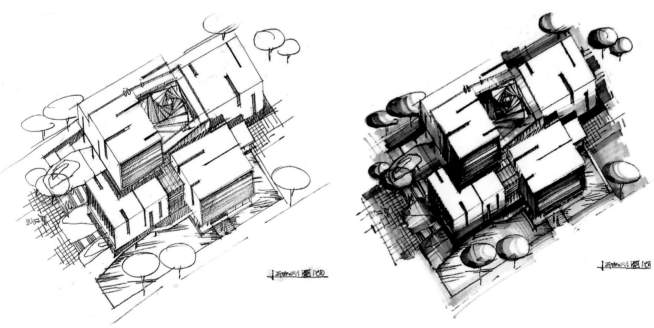

1.3.4　立面图

（1）画出体块间光影关系。

（2）加深外轮廓线，通过线型和色彩体现建筑材质。

（3）配景植物，尺度准确，烘托建筑。

（4）加深地面。

1.3.5 剖面图

（1）清晰表达建筑的梁板结构。

（2）表示出室内外高差。

（3）标注两道标高尺寸线。

（4）选择的剖切面要体现出建筑空间特色。

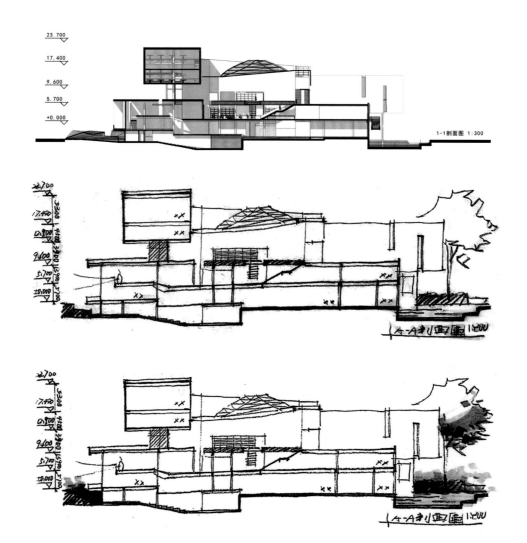

1.3.6 分析图

下面列举了一部分分析图，以供参考。铅笔表现中，分析图的大小要控制在 10cm×10cm 的大小以内，表达形式不限，以图文并茂最佳。另外，在绘制分析图时尽量绘制 3 个以上，有助于增加图面的完整度和丰富度，以展现设计内容的深度。

1. 形体生成

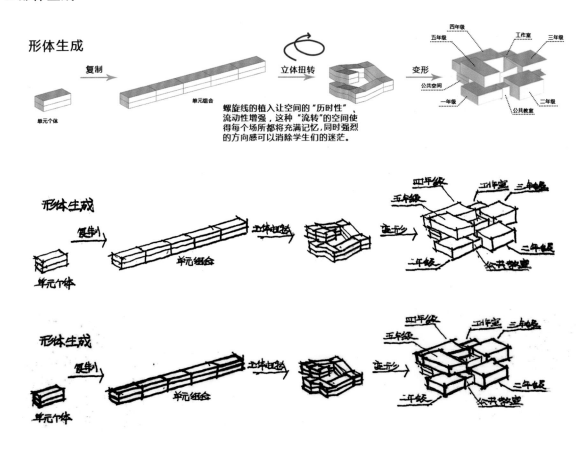

2. 垂直空间

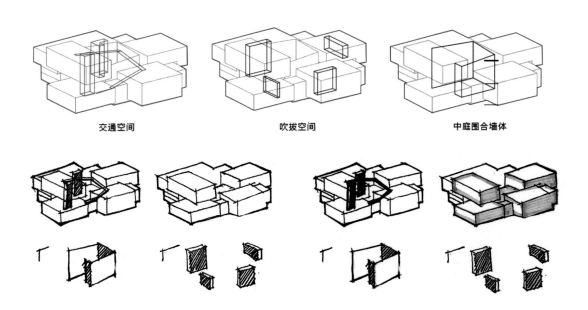

3. 特色空间

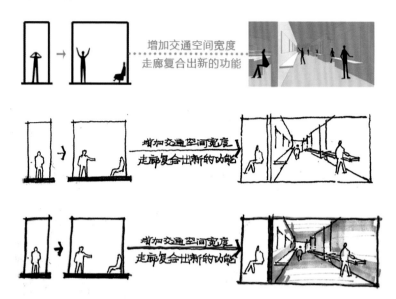

单元剖面分析

4. 流线分析

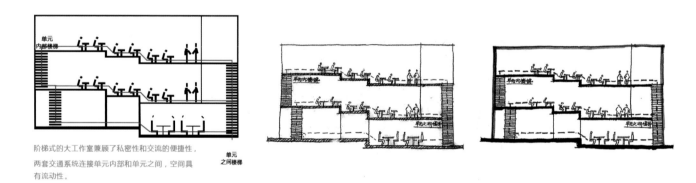

阶梯式的大工作室兼顾了私密性和交流的便捷性，两套交通系统连接单元内部和单元之间，空间具有流动性。

1.3.7　标题与排版设计

图纸一般分为横幅排版和竖幅排版，这会根据你的任务书所限制的建筑用地的地形所决定，这里横竖排版没有优劣之分。选择最为适合的排版方式即可。

1. 标题

标题书写前，建议先打好方格网，方格大小要适中，以 40mm×40mm 为宜。书写时要一笔一画认真书写，不要出现连笔的现象。如果有隶书基础就可以书写隶书，行书则不推荐。标题后要注明图纸编号。

2. 排版

（1）统一排版方向及标题位置。

（2）核心部分靠近中间布置。

（3）类似于立面图这样的图尽量放在图的边界处，收住整幅图面。

1.3.8　设计说明与经济技术指标

最好有一些关于设计概念的文字表达，注意字的书写尽量为仿宋字，大概 150 字。经济技术指标很多快题当中不做要求。

第2章 建筑快题设计的起点与过程

2.1 详解任务书

任务书的解读是决定快题设计是否正确的关键。一旦解读不完善就容易造成快题设计出错，引起连锁反应。因此解读任务书要抱着宁可多花时间读通读懂，也不遗漏内容的心态。任务书通常读两遍即可，第一遍画出关键词了解主要内容，第二遍检查一次以免遗漏，同时深入思考了解出题人的意图，任务书中常常会有出题人设置的"陷阱"，抓住题点是快题设计正确完成的关键。

解读任务书并不仅仅是读通读详细即可，同时取决于平时对规范掌握的程度以及对不同场地类型的掌控状况。下面通过分析一套典型的任务书来为大家总结一下任务书中容易出现的问题。

2.1.1 解读任务书的时间分配

任务书的时间分配一直是考生的疑问点，有些快题考生习惯在审题、方案构思上花费的时间长一些，有些则在表现上花费的时间长一些。根据对国内建筑名校的高分快题考生的调研，绘制了较为合理的时间分配表供大家参考（表2-1）。

2.1.2 任务书的构成及相关注意事项

任务书主要由项目概况、设计内容、面积指标、设计要求、图纸要求以及地形图组成。

任务书中会出现很多关键词，不遗漏地画出并分析是掌握快题题点的关键。因此解读任务书的第一步就是画出关键词，解读关键词，随后再将文中的关键词与地形对应起来进行综合分析，最后深入思考了解出题人的意图。

表2-1 快题设计时间分配表

快题种类	操作项目	时间分配
钢笔马克笔类快题	审题（审任务书）	20min
	方案构思	90min
	铅笔线稿	90min
	钢笔墨线	110min
	马克笔表达	30min
	检查	20min
铅笔类快题	审题（审任务书）	20min
	方案构思	90min
	铅笔草图	40min
	铅笔正图	150min
	表达	40min
	检查	20min

下面我们以天津大学2011年真题为例来做详细的说明（方框内为任务书内容）。

古典园林中的小型画院

第一部分　项目概况

该项目位于南方某一古典园林中（见右图）。拟利用该园林西南角的原有苗圃建一小型画院，供艺术家进行沙龙聚会及学术交流使用，并对参观园林的书画爱好者开放。

该项目基地地块略呈长方形（其东北向缺角），南北进深56m，东西宽20~31.3m，用地面积1584m²，项目基地平坦规整，地块内现有一棵需要保留的古树。图中各部分尺寸均已标出。

拟建画院将成为古典园林的景点之一，故要求与原有的园路连接打通，但红线范围内的已有园路不得改动，建设范围如地形图中用地红线所示，不作退线要求。

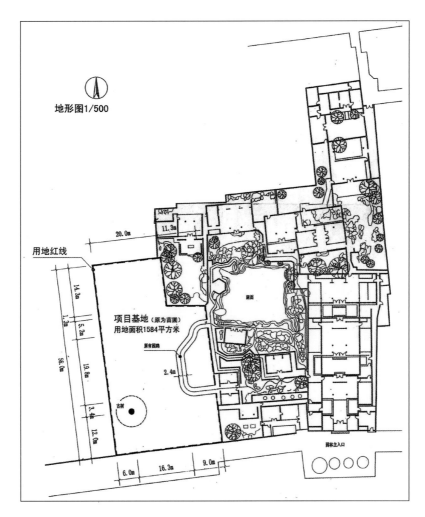

（一）该部分需要注意的问题

1. 建筑性质

好的建筑造型可以反映建筑性格，本任务书为古典园林中的小型画院，首先画院作为园林的一部分要与园林的肌理以及周围建筑的形式相吻合，同时应具有画院应有的艺术气息。

2. 地域要求

南方：建筑通透，可以做开敞外廊，内廊也多为单廊，可做水面、庭院。

北方：考虑保温隔热，多采用封闭走廊，房间多朝南。

该项目位于南方。

3. 服务对象

项目的主要服务对象通常是项目的主要人流，而主要人流方向就是主入口方向。该项目供艺术家进行学习交流之用，同时也对参观园林的书画爱好者开放，可见主入口的方向便是艺术家进入的方向。

4. 基地现状

结合任务书中对基地的描述，将基地尺寸标注在总图上，可以同时将周围环境标注上，例如：小树林、文化广场等。地形平坦，建坡地建筑，注意高差大小。

5. 周边环境

是否存在公园、古树、水体等景观因素，该项目为平坦地形。

6. 对原有道路、树木、水体的保留

项目要求保留原有道路及古树。

（二）该部分需要注意的其他问题

1. 建筑层数

注意多层建筑与高层建筑的防火间距问题，民用建筑防火间距为低多层建筑之间为 6m，低多层建筑与高层建筑之间为 9m，高层建筑之间为 13m。（表 2-2，表 2-3）。

表 2-2　低多层建筑间防火间距

建筑级别 / 间距	一 / 二级	三级	四级
一 / 二级	6m	7m	9m
三级	7m	8m	10m
四级	9m	10m	12m

注：两座建筑相邻较高的一面外墙为防火墙时，其防火间距不限。

表 2-3　高层建筑与低多层建筑间防火间距

建筑级别	高层建筑	裙房	其他民用建筑		
			耐火等级		
			一 / 二级	三级	四级
高层建筑	13m	9m	9m	11m	14m
裙房	9m	6m	6m	7m	9m

另外还要注意建筑间的防火距离问题和相互遮挡、日照间距等问题。

2. 建筑面积

根据用地面积、绿化率确定建筑层数，建筑面积通常可以上下浮动 5%。

3. 周边道路

项目注意周边道路等级，城市主干道、城市支路、小区级道路、步行街等，这些因素会影响主次入口的开启方向。

4. 指标计算

（1）容积率：项目用地范围内地上总建筑面积（±0.000m 标高以上的建筑面积）与项目总用地面积的比值。

（2）建筑密度：在一定范围内，建筑物的基底面积总和与总用地面积的比例（%）。

（3）绿地率＝绿地面积 / 总用地面积 ×100%。

注：底层架空投影面积算入底层建筑面积。当建筑的层数、建筑密度等限制了建筑的地上面积时，可以向地下扩展，可以不算到容积率里（西建大 2014 年复试任务书）。

5. 周围建筑性质

古城区、遗址保护区、现代建筑、坡顶建筑等。

6. 停车问题

可能会规定停车位的个数、布置地下车库入口。

7. 无障碍设计

一般情况下在快题设计中均考虑无障碍设计。

8. 总平面规划

在一定情况下需要根据任务书来考虑是否需要总平面规划设计。

9. 建筑退线要求

退线要求：满足任务书中建筑红线要求；特殊功能建筑如博物馆、汽车站、影剧院等人流集中的建筑应按照规范设置一定面积的入口广场；若任务书无建筑红线规定，一般主入口一侧退 10m，其他各边退 5m。

10. 指北针

需要仔细审查任务书的指北针，以免造成出现建筑朝向等问题。

11. 周边肌理

周边为古典园林，基地内建筑需要与园林建筑的形式、肌理、轴线相适应。

第二部分 设计内容及面积指标

该画院由展厅、画廊、多功能厅、工作室和管理办公等内容组成。总建筑面积1000m²，误差不得超过 ±5%。具体的功能组成和面积分配如下（以下面积均为建筑面积）：

（1）展厅：150m²×1，用于定期展出艺术家的书画作品。

（2）画廊：100m²×1，供艺术品展卖。

（3）多功能厅：150m²×1，供艺术家进行聚会交流，并承担小型学术报告厅的功能。

（4）工作室：40m²×3，供几位专职艺术家工作研究使用。

（5）茶室：50m²×1。

（6）管理办公：15m²×2。

（7）特色空间：100m²×1，考生可根据设计构思的需要，提出符合建筑性质的特色空间，面积不超过100m²。

其他如门厅、楼梯、走廊和卫生间等各个部分的面积分配及位置安排由考生按方案构思进行处理。

第二部分对设计内容以及具体面积进行了详细的描述，在这个过程中可结合基地的具体情况将设计内容各个部分功能根据动静分区、污洁分区、是否对外等限制因素对应到地形中，并结合地形的周边环境（动静关系、景观、风向等）确定这些功能在地形中适宜的位置、层数以及景观利用等，从而为功能泡泡图打下基础。

该项目主要服务于艺术家，因此与主入口有相联系功能的便是工作室部分，展厅主要是服务园林中的游客，因此应该与通向园林道路的次要出入口相近。同时画廊要与展厅有一定联系，茶室应朝向最好的景观，多功能厅应在一层，结构独立。同时结合景观布置特色空间，可以增添内部空间的趣味。

对大的功能分区进行分类整合：

1. 主次分区

首先要区分主次用房，该建筑由于面积较小，因此，主次分区并不明显，其中，除了管理办公以及小的附属用房外，基本上为主要用房。

2. 动静分区

工作室、展厅、展卖、茶室为静区，沙龙、多功能厅为动区。

3. 景观取舍

分析哪些用房需要利用景观，哪些不需要；或是哪些对于景观要求较高，哪些较低，区分景观的优先级。

4. 对内与对外

由于在任务书中已经明确提出画院主要为艺术家使用，且共用园区的主要入口，因此，该建筑功能基本对内。

5. 垂直分区

可利用层的分区将建筑的功能进行区分，如该建筑可将工作室、休闲等私密空间设计在二层，而比较公开的用房设计在首层。

6. 梳理景观节点

基地内部的原有古树、水体、道路等都会对基地产生影响，处理时要尽量保留。

（1）基地内的古树、古道路、古墓等古代留下的必须保留。

（2）现代的建筑或是景观最好保留。

本项目中有古树、古道路、外面有水体。当同时遇到这些因素时，对景观的重要性可以认为是：古树 > 古道路 > 古代水体＝现代水体。

第三部分　设计要求

（1）方案应功能分区合理，交通流线组织清晰，并且符合国家有关设计规范和标准。

（2）本项目作为园林的组成部分，汽车停放在园林外，故基地范围内不再考虑汽车停放问题。

（3）总体布局中应适当控制建筑密度，使建筑具有良好的室外环境。

（4）注意建筑入口与原有园林道路的衔接关系，且基地中所标示的已有园路不得进行变动。

（5）苗圃东面的围墙（含东北角）可以拆除，要注意与周围建筑和环境的呼应关系，在建筑风格上不必拘泥于传统建筑形式，但应考虑建筑体量对园林视线的影响。

（6）项目基地内现有的古树需要保留。古树位置已在地形图中标出，树冠按直径9m计算，树冠单位内不得有建筑物。

（7）建筑层数1~2层，结构形式不限。

设计要求部分并不是每个学校的任务书都会涉及到，作为第一部分的补充内容，会涉及外部空间设计的一些相关要求、规范、建筑结构和层数等。在考试时需仔细阅读，不要遗漏考点。需要注意的问题可参见第一部分。

第四部分　图纸要求

（1）总平面图1/400，所画范围应包含基地周边一定区域的园林环境。各层平面图1/200，首层平面图中应包含一定区域的园林环境，以表达新建建筑与园林的空间关系。主要立面图2个，1/200。剖面图1个，1/200。

（2）外观透视图不少于一个，透视图应该能够充分表达设计意图。

（3）考生须根据设计构思，画出能够表达设计概念的分析图。

（4）在平面图中直接注明房间名称，首层平面图必须注明两个方向的两道尺寸线，剖面图应注明室内外地坪、楼层及屋顶标高。

（5）图纸均采用白纸黑绘，徒手或仪器表现均可，图纸规格采用2#草图纸（草图纸图幅尺寸545mm×395mm）。

（6）图纸一律不得署名或作任何标记，违者按作废处理。

在图纸要求这一部分会将各个图的比例及数量做详细的要求，考生需要按照这一部分的要求按比例画图，同时会规定图纸的尺寸和表现方式，一般情况下天津大学是铅笔表现方式，浙江大学为单色表达，其他学校为马克笔表达。在图纸要求中华南理工大学和西安建筑科技大学为A2绘图纸，北京建筑大学为A1硫酸纸2张，其他色彩表达的院校为A1绘图纸，铅笔表达的院校为草图纸。

在这一部分有些学校会要求画出分析图并提出对某一图纸的详细要求，例如此任务书要求平面图注明房间名称，剖面图注明室内地坪、楼层及屋顶标高。首层平面图要有周围环境等，考生需仔细阅读，以免出错。

需要注意的是每个学校对图纸的要求并不是一成不变的，比如2016年西安建筑科技大学要求单色表现，所以也要仔细阅读。

其他需要注意的问题。

1. 指北针和风玫瑰

指北针决定建筑总平面中房间朝向的问题，主要房间朝南。由风玫瑰图决定厨房等有排污要求的房间位置，厨房放在主导风向的下风向，南方建筑南向面向夏季主导风向利于通风。

2. 观察周围道路，主入口道路可以分为城市快速路、城市干道、城市支路、小区级道路

（1）主入口设置原则：迎合主要人流方向（一般开在宽度较大的道路上但不一定是城市主干道，视不同的建筑性质、规模而定，如老年人、幼儿园等主入口不宜开向城市干道）。

（2）次入口设置原则：一般为后勤办公入口，较为隐蔽，与主入口保持一定距离，视场地情况而定。

（3）车行入口设置原则：原则上不应开向城市干道、快速干道；与大中城市主干道交叉口的距离，自道路红线交叉点量起不应小于70m。

3. 基地形状

方形、三角形、梯形、不规则形状如何处理。

4. 退线要求

道路红线：规划的城市道路（含居住区级道路）用地边界线。

用地红线：各类建筑工程项目用地的使用权属范围的边界线。

建筑红线：有关法规或详细规划确定的建筑物、构筑物的基底位置不得超出的界限。

注意：建筑不得超过建筑红线，停车位可以布置在用地红线和建筑红线间。

5. 地形因素

地形平坦。

坡地：当两条等高线的高差相差大于1.2m的情况下不能进行铲平，要考虑坡地建筑的处理手法，错层、夹层、台阶、坡道等。

6. 周边建筑的建筑形式、层数

（1）建筑处于古城区会对建筑形式有影响。

（2）周边建筑的建筑形式会影响基地内建筑的建筑形式。

（3）周边建筑的建筑层数会涉及遮挡问题。

（4）城市肌理对基地内建筑的影响。

7. 基地外部的环境，小树林，水体等，会影响建筑的平面布置，例如展厅需要朝向景观，客房要在相对安静的场所等。

小结

任务书还需注意很多问题，需要通过不断的积累和练习，来提高对任务书的认知。及时的总结是提升设计技能的重要方法，希望这些总结能够给大家在实现梦想的路上带来帮助，相信坚持和努力是实现梦想最坚实的基础。

2.2 场地设计

在快题设计中，场地设计也可以认为是外部空间环境设计或者是总平面设计。一个完整的快题设计不仅包括建筑本身，基地范围内的场地设计尤为重要，往往会与你的建筑设计形成互补，产生呼应，从而使整个设计更完整、更合理、更有逻辑性。场地设计涵盖的内容比较多，例如基地内的环境布置、道路交通组织、基地出入口、停车位的设置、基地与建筑的关系等，都会通过场地设计体现出来。但因为是快题设计，时间有限，所以在场地设计这方面要求不是很高，但应能做到交通清晰、环境布置美观有序、停车合理等，并满足一些规范要求。

2.2.1 基地内道路交通组织

1. 基地入口（人车分入口或共入口都可，具体情况具体分析）

（1）主入口：一般迎合最大人流方向（分析基地道路等级，道路宽者人流越多）；教育类建筑尽量避开城市主干道（若基地周边均不是城市干道，则仍取宽者为主入口）。

（2）次入口：主要为后勤入口，原则上尽量远离主入口（防止后勤人流与主要人流交叉）。

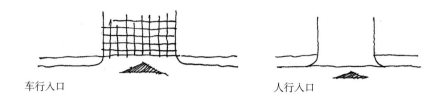

车行入口　　　　　　　　　人行入口

2. 人、车流线

人流：一般为主要流线，应该能方便直接到达建筑的主入口，可以简单明了，也可以根据需求有一定的趣味性设计。应当保证人流线和建筑各个入口的联系性，同时室外的服务人员和被服务人员流线注意不要冲突（主入口流线处一般不会设很多分支）。

车流：多为双向车道6m宽，画的时候注意是否考虑人车分流，一般快题设计中车行道可供人走。若不是环形车道，应注意画出回车空间，尤其有停车位要求的时候更要注意。注意画出车行车转弯半径。车行道和停车位不要紧靠建筑主体，注意用绿化加以分隔。

随手可画的细节形成严谨正确的习惯！

（1）转弯半径。

（2）停车位。

（3）保证路和建筑入口可达性。基地内应设通路与城市道路连接，通路应该能到达建筑物的各个安全出口及建筑物周围应留的空地，车道边缘距离有出入口的外墙不小于3m。

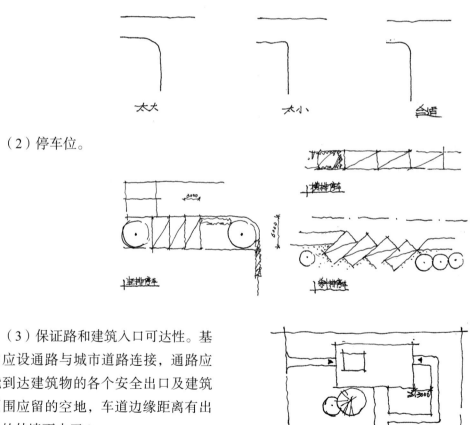

3. 消防流线

一般情况满足建筑周围有4m的消防流线，不用刻意设置，消防车可以压过草坪铺底，有过街天桥或者廊之类的高度要大于4m。

2.2.2　基地内平面组织

场地和建筑两者应该放在一起设计而不应该分开，往往很多同学都是习惯画完整个建筑后再添加几笔场地，这样会造成审图时建筑和场地的分离，不是一个逻辑性很强的设计，所以从设计之初，对于建筑形体布局和场地的结合就要有一个雏形。

1. 内容组织和基地利用

内容组织前面提到了，就是场地设计所涵盖的内容，这里不多说。

基地利用：一方面，要充分利用基地，用建筑或者有设计性的场地将基地充实起来，而不是单纯地铺草；另一方面，要合理地利用基地，使建筑和场地与整个基地有较高的契合度，使设计显得完整。

例：有明显特征的地形，比较简单的做法是围绕地形特征线进行设计，地形特征线存在平行、对称、垂直三种情况（对于弧线一样适用）。

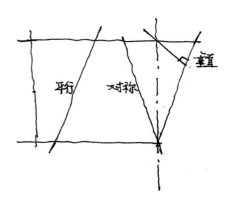

2. 组织安排

在进行场地设计时，要兼顾建筑的形体、朝向、间距等因素，不同类型的房间有不同的采光和景观要求。例：有采光需求不要种太多树；有景观需求空间要相对开阔些，留给观景的人一个进深上的景观。呼应周边建筑的形体设计要用场地加以强调；主要的服务或展览入口用场地加以引导等。

注：基地内尤其是建筑本体中出现的斜向或者弧线元素，在没有强烈的概念支撑的情况下，一定要有理可据，不要让老师去猜测这条线是怎么来的，为什么斜成这样一个角度，为什么弧成这样等。

3. 空间布局与图底关系

快题中单体建筑在基地中的布局往往决定了场地设计，因此能熟练掌握各种建筑造型对快速进行场地设计很有帮助。图底关系理论研究的是作为建筑实体的图和作为开场空间的底之间的相互关系，研究对象不仅是建筑本身，还包括它所占据的场所与空间。

那么何为"图"，何为"底"？绝大多数人，习惯把建筑当作"图"，周边环境当作"底"，也就是说，习惯上实体是"图"，虚体是"底"。在做建筑设计时，都是把"图"——建筑当作设计对象，这样设计的结果，必然会忽视"底"的作用，也就是外部空间的营造。图底关系研究的是建筑与场地的关系，图的大小、形状、位置都由现有的基地环境制约着。围绕这些建筑形体来做场地，会比较快捷简便，而且与建筑本身的联系性较强。建筑群体在场地中的布置要做到：建筑围合空间，空间包围建筑，建筑和空间相互穿插。

矩型 一字型		T型	
十字型		H型 工字型	
Z型 S型		L型	
U型		回字型	
风车型		鱼骨型	
放射型		异型	

2.2.3 环境布置

这部分是场地设计中很重要的一部分，做得好会给整个设计画龙点睛，做不好难免有应付之嫌。

现代建筑中，应当说体验早已不是从建筑才开始，而是从你进入基地后你的建筑体验之旅就开始了，所以场地不是简简单单地铺草坪、排路线之类，跟建筑一样同样要有设计感。

1. 绿地——灌木、草坪、树

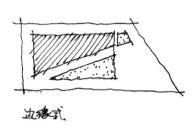 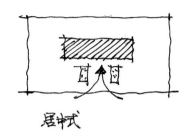 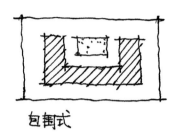

边缘式：用于边角处、道路两侧、建筑边缘等，通常用来对建筑进行补充，既能起到营造景观作用，又使基地内显得充实完整。

居中式：作为场地内的主要景观，具有一定的吸引性和引导性，多用在入口、小广场等处。

包围式：内庭中或者半包围的小庭院，模糊室内外界限，为室内提供良好的景观。

2. 小面积独立用地

规模较小，组织灵活，点缀和丰富环境，具有一定规模的集中绿地。

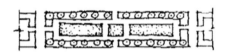  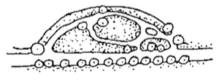

规则式　　　　　　　　　　自由式　　　　　　　　　　混合式

3. 水体

水体在场地景观中扮演很重要的角色，有兼容性强、自由、宜人、可变性大等的特点，而且隔水相望的景观往往更具有吸引力。大的水体可以让人们沿路走过或穿梭其中时有一种体验感，小的水体在观赏性上更有优势，应该学会处理不同水体给人们带来的感官上的不同体验。

　　比较大的水体运用，就像之前说的，从进入基地体验就已经开始了，穿过水体进入主入口，既有观赏性又有引导性，而且大面积的水体给人开阔的视野，与周边的片墙结合，有种深墙大院的静谧感，但水体本身的灵动和片墙开洞的形式打破方正的格局限制，视野可以开阔出去，这些都是场地设计带来的优势。

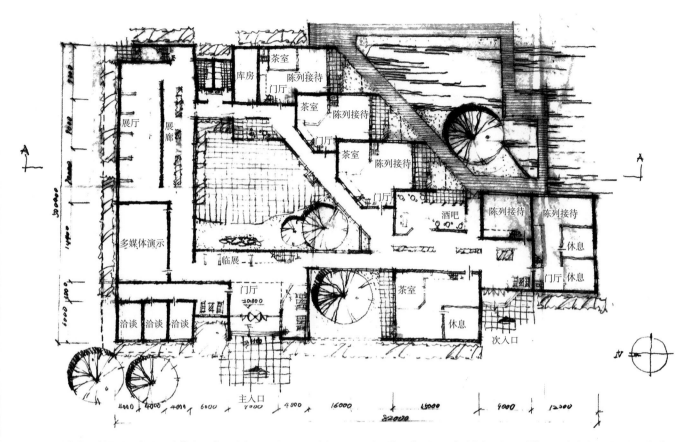

运用截然不同的处理方法，水体小而藏，从主入口进入后，从门厅、展览、茶室等空间去感受外部空间，水体通过玻璃渗透到室内，简单有观赏性，其他场地布置根据需求采用不同手法，使场地和建筑融为一体。

4.行道树

行道树是一个容易被大家遗漏的部分，给大家列出来是希望大家能在设计过程中留意这些细节，养成良好的习惯。

小结

场地设计是快题设计中比较重要的一个部分，要做到清晰明了，有一到两处趣味或特色的点，一些边角处理要得当，注意一些常用的规范要求，就可以完成一个合理美观的场地设计了。

2.2.4 与场地设计相关规范

1. 基地应与道路红线相邻接，否则应设基地道路将道路红线所划定的城市道路连接到基地内

（1）基地内建筑面积小于或等于 3000m² 时，基地道路的宽度不应小于 4m。

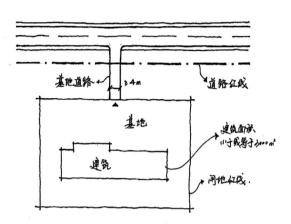

（2）基地内建筑面积大于 3000m² 且只有一条基地道路与城市道路相连接时，基地道路的宽度不应小于 7m。

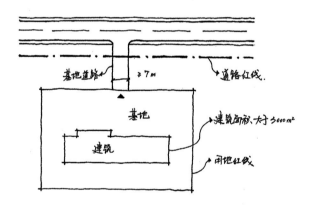

（3）基地内若有两条以上基地道路与城市道路相连接时，基地道路的宽度不应小于 4m。

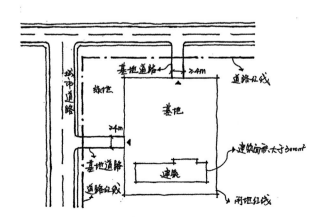

2. 基地机动车出入口的位置，应符合下列规定（记住 70，20，15，5 这几个数字）

（1）与大中城市主干道交叉口的距离，自道路红线交叉点量起不应小于 70m。

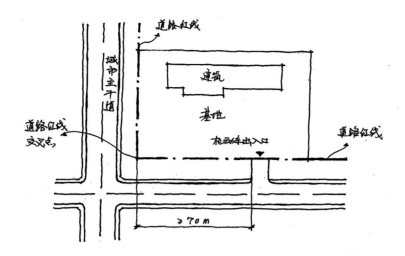

（2）距地铁出入口、公共交通站台边缘不应小于 15m。

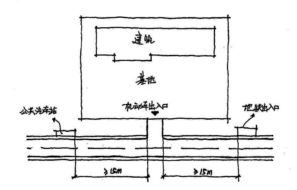

（3）距公园、学校、儿童及残疾人使用建筑的出入口不应小于 20m。

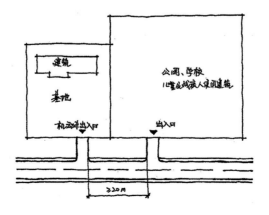

（4）与人行横道线、人行过街天桥、人行地道（包括引道、引桥）的边缘线不应小于5m。

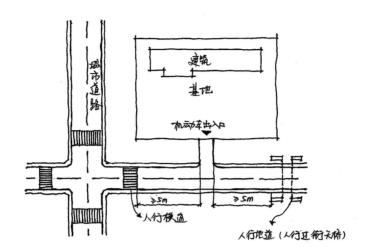

（5）当基地道路坡度大于8%时，应设置缓冲段与城市道路连接。

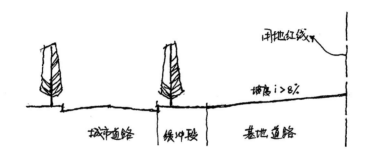

3. 大型、特大型人员密集的文化娱乐、商业服务、体育、交通等建筑

（1）基地或建筑物的主要出入口，不得和快速道路直接连接，也不得直对城市主要干道的交叉口。

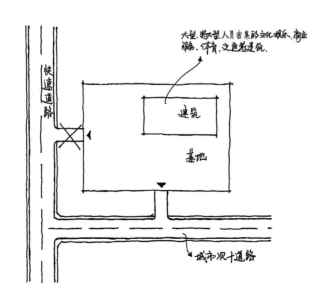

（2）建筑物主要出入口前应有供人员集散用的空地。

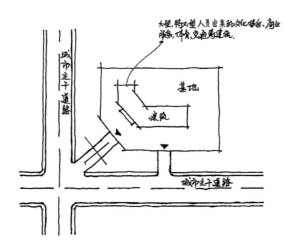

4. 不允许建筑突出物超过用地红线

建筑突出物（如雨篷、门廊、连廊、阳台、室外楼梯、台阶、坡道、花池、围墙、平台、散水明沟、地下室进排风口、地下室出入口、集水井、采光井等）

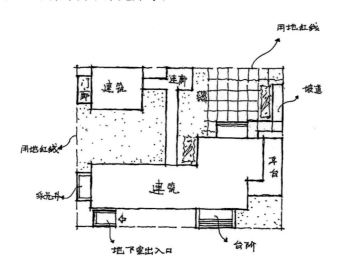

5. 建筑高度计算

（1）平屋顶应按建筑物室外地面至其屋面面层或女儿墙顶点的高度计算。

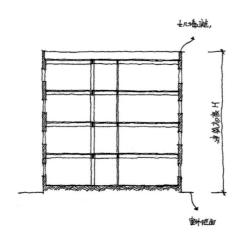

（2）坡屋顶应按建筑物室外设计地面至屋檐和屋脊的平均高度计算。

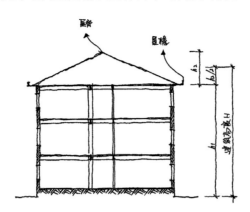

6. 消防车道

（1）高层建筑应设环形消防车道的建筑，占地面积超过 3000m² 的展览馆宜设，当设环形消防车道有困难的时候，可沿建筑的两个长边设置消防车道，或设置可供消防车同行的且宽度不小于 6m 的平坦空地。

（2）当建筑物沿街长度大于 150m，或总长度大于 220m 时，应设穿过建筑的消防车道，最小高宽尺寸为 4m×4m。

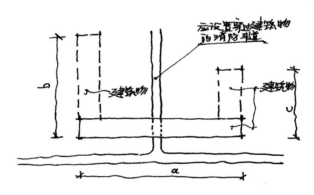

7. 建筑基地道路应符合下列规定

（1）沿街建筑应设连通街道和内院的人行通道（可利用楼梯间），其间距不宜大于 80m。

（2）单车道路宽度不应小于 4m，双车道路不应小于 7m；消防车单车道宽度不小于 4m，双车道不小于 6m。

（3）人行道路宽度不应小于 1.5m。

（4）车行道路改变方向时，应满足车辆最小转弯半径要求（小汽车的最小转弯半径为 6m，中型车的为 8m）；消防车道路最小转弯半径为 12m。

（5）道路改变方向时，路边绿化及建筑物不应影响行车有效视距。

（6）尽端式道路需设回车场时，最小尺寸为 12m×12m，消防车回车场不小于 18m×18m；回车场形式分为 L 型、T 型和 O 型。

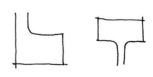

8. 快题设计中的停车位尺寸常采用 3m×5m

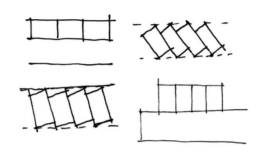

停车形式分为水平式、倾斜式（45°，60°）和垂直式。

9. 停车场出入口个数

当停车位 <50 个时，设 1 个出入口；当停车位 50~500 个时，设 2 个出入口。

10. 地下车库

（1）地下车库出入口距基地道路的交叉路口或高架路的起坡点不应小于 7.5m。

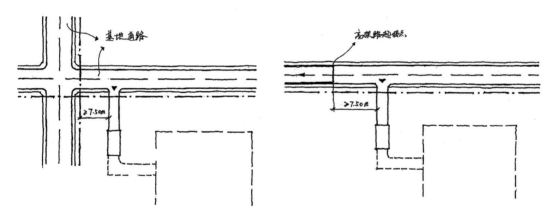

地下车库出入口与道路垂直时，出入口与道路红线应保持不小于 7.5m 的安全距离，并保持不小于 120°的视角；地下车库出入口与道路平行时，应经不小于 7.5m 长的缓冲车道汇入基地道路。

（2）地下车库出入口个数：当停车位 <50 个时，设 1 个出入口；当停车位 50~200 个时，设 2 个出入口，且两个入口间距离不小于 15m。

（3）地下车库布置及车库入口剖面。

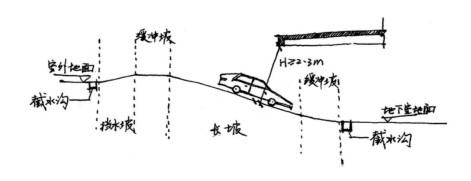

11. 日照间距

（1）托幼建筑日照间距 =1.2×H（南向遮挡建筑高度）。

（2）平行布置的两排教学楼之间教室的日照间距 =1.0×H（南向遮挡建筑高度）且≥ 25m。

（3）其余没有特殊要求的建筑可按照 1.0×H（南向遮挡建筑高度）来计算。

2.3 平面空间设计

建筑空间设计涵盖的内容包括外部空间设计和内部空间设计，其中涉及从场地设计——功能分区——房间布局——交通空间处理——卫生间配置——结构柱网——细节调整的整个流程。涉及的图纸包括总平面图、各层平面图和剖面图。外部空间设计的内容已经在场地设计的部分进行了详细讲解，本节不做赘述。

本节主要对平面空间设计进行讲解，主要内容框架如下。

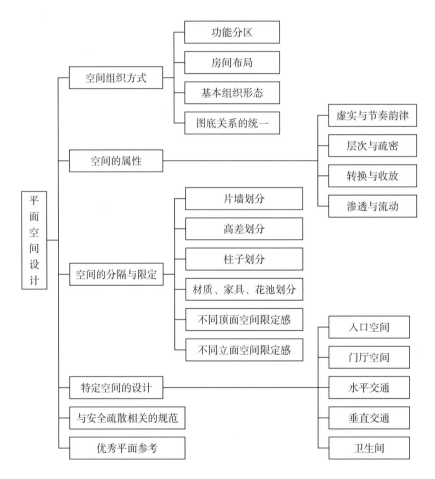

2.3.1 空间组织方式

1. 功能分区

（1）分区类型：一般分为三类，即使用、管理、后勤。

（2）分区步骤：水平功能分区与垂直功能分区相互配合使用。

（3）分区原则。

1）动静分区原则。动的空间往下往外放，静的空间往上往内放，不考虑地下室。

2）内外有别原则。对内的空间往下往里放，对外的空间往上往外放。

3）公共与私密原则。公共空间往下往外放，私密空间往上往内放。

功能布局需要综合考虑场地条件和题目的特殊要求，方案设计需要利用矛盾分析的方法比较各个功能分区排布的利弊，从而求出最优解。

2. 房间布局

将房间按面积"塞"入功能分区后的图底关系中，注意房间所属的功能分区必须严格放入原来安排的功能分区中，千万不要推翻既定的功能分区，避免再次出现功能混乱的现象。至于排布的房间与原来的图底关系存在局部凹凸，这是下一步需要考虑的问题，不能因为房间面积的问题打破原有的图底关系。二层平面按照面积对等原则排入既定的功能分区，三四层亦可，以此类推。

排布的时候按照人流量、动静、内外、私密与公共的大原则，在同一个分区内，越常使用的房间越靠外，面积越大的主要使用房间人流量往往越大。如棋牌室与舞蹈房都属于娱乐性质的功能分区，房间排布时可根据动静原则将舞蹈房放底层，棋牌室放二层。

在排布房间的同时，还需要考虑单个房间的朝向、形状、空间尺度等相关问题。

（1）朝向。

快题设计中对于住宅的卧室、教学楼教室、幼儿园活动室和卧室、老年人公寓的住宿部分提出了明确的南北向要求。对于宾馆房间的朝向问题应该视情况而定，一般来说尽量将宾馆房间南北向布置，然而当建筑基地存在较好的景观条件时，应遵循景观大于朝向的原则。这里注意，没有硬性规定南北向的房间均可循序此种的原则，因为此类房间虽然供人居住，但其实是一种暂时性的人流，对于采光的要求比长期居住的房间要低。当一些办公、会议功能的房间不得已朝西向时，应做好遮阳设计。

（2）形状。

快题设计中的房间可分为两种类型，一种是功能强形式弱的房间，如办公室、教室、会议室、宾馆标间等，对于此种房间尽量都应该做成规则的矩形或方形，房间的长宽比不得大于2：1；另一种是功能弱形式强的房间（如展厅、餐厅、阅览室等），为了丰富建筑造型，可以将这些房间做成弧形、扇形或曲线形等。特别提示，对于多功能厅、报告厅、幼儿园音体活动室等具有声学要求的房间尽量做成对称的几何图形，如矩形、正方形、圆形、六边形等。

1）刚性房间。

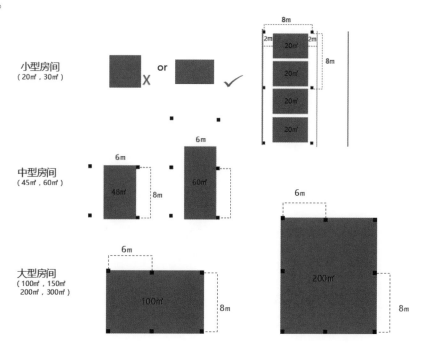

2）柔性房间。

（3）空间尺度。

对于任意房间的通高处理，实际上并没有硬性的规定。应该根据房间的尺度合理地安排。

例如，对于 200m² 的多功能厅，如果只有 3.9m 的层高，使用者必然会产生压抑的感觉。我们一般都进行通高两层处理。但是对于门厅空间则不同，4m×4m 的门厅和 8m×12m 的门厅空间相比，其尺度较小，不应该做通高处理。

其次，若门厅空间旁边存在通高的共享空间，此种门厅只能做一层高，这样才能带来良好的空间感受。展厅空间亦然，60m² 的展厅和 200m² 的展厅，前者就不该做通高处理，而后者做通高处理的空间感受则更好。此外对于报告厅这种大空间还存在着结构方面的要求，由于大空间上面不得再做小房间，对于报告厅等房间的处理就有两种可能性：若场地面积足够大，可独立设置大空间；若场地较紧张，大空间只能放在建筑的最顶层，这就需要我们处理好流线问题，满足大空间的疏散。

大空间在快题设计中的常见功能有多功能厅、报告厅、大会议室、展厅、大餐厅等，它们往往也是在平面空间组合中占有重要地位。根据建筑的高宽比例要求，这类空间的层高也比其他小房间要求的层高高，一般设计为大于等于 4.5m。需要注意的是，报告厅内有高差，而多功能厅是不起坡的。大会议室可以按照每人 1.2~1.5m² 每人计算面积，大餐厅可以按照 1.5~2m²/ 人计算面积。下面对报告厅设计的注意事项进行列举。

1）跨度：一般小建筑的报告厅跨度在 12~18m 之间。

2）面积：根据人数来决定面积时则按照每人占 1~1.5m² 计算。

3）配套：讲台高度一般为 300~600mm，进深在 2~3m，还需要考虑配有准备间、放映间和贵宾休息室。

4）视线：考虑到起坡高度和视线的问题，一般快题设计中起坡 1m 左右，每排或各排升起 0.12m。

5）疏散：快题设计中需要开至少两个疏散门，每个门宽不小于 1.5m，当报告厅位于一层时，其上尽量不要做其他房间，当它不在一层时，需要考虑设置直接的对外疏散楼梯。

6）缓冲空间：报告厅外面必须设有一定的缓冲空间。

7）结构要求：报告厅中间不可以有柱子，结构可以采用井字梁、桁架、空间网架等。

思考题：设计一个 150 人的报告厅。

（4）结构柱网。

快题设计中常用的结构类型为框架结构，经济柱跨为 6~9m。一般快题设计中最常使用 8m 柱网，由此根据具体房间尺度和需要进行局部调节。建筑结构永远为建筑空间和功能服务，局部结构可以减柱、移柱，只需保持大致的柱网均匀分布即可（可参考图刚性房间）。

（5）家具。

家具是体现空间尺度和空间功能的重要元素，需要牢记家具的尺寸，包括沙发、茶几、桌椅、吧台、书架等。

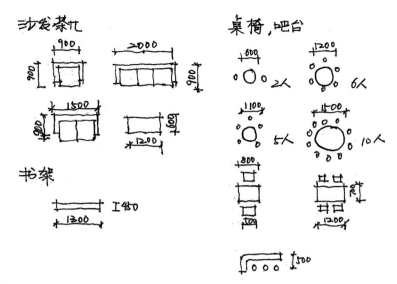

3. 基本组织形态

好的平面需要具有清晰的形式逻辑，还要有明确的交通系统和功能区分，在把握住大关系的情况下，创造具有层次的丰富空间界面。快题设计中常用到的平面组织形态有一字型、鱼骨型、L型、U型、环型、工字型、回字型、放射型、异型、复合型等。

一字型 L 型 鱼骨型	
回字型	
工字型	
风车型 十字型	
复合型	
盒子占据型	

4.图底关系的统一

我们在排平面的时候常常因为细节的处理，造成与最初的草图发生出入，如凹凸、胖瘦、比例的变化，从而在一定程度上影响着建筑总平面的完整性。下面介绍几种处理手法，使平面图底关系兼具逻辑性和丰富性。

（1）利用小体块穿插扭转保持形体的关系，注意穿插体块的尺度。

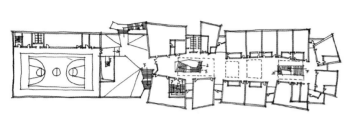
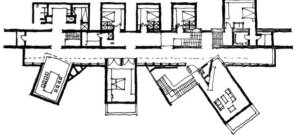

天津张家窝小学二层平面 | 直向建筑 + 中建国际　　　　　　　　长城脚下公社——飞机场 | 简学文

（2）利用虚架、片墙等构件补全体块。

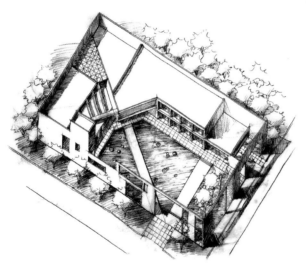
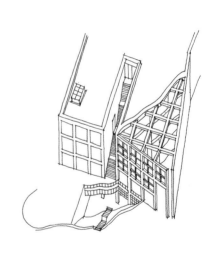

高校科技楼快题设计 | 李恬　　　　　　　　　　　　日本埼玉现代艺术博物馆

（3）建筑体块过细时，可通过增大交通空间宽度、引入阳台或者引入通高空间的策略将建筑"增肥"。

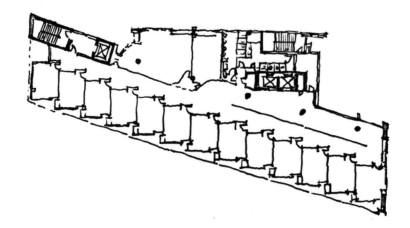

（4）通过局部坡屋顶与周边建筑肌理相呼应，减小建筑体量。

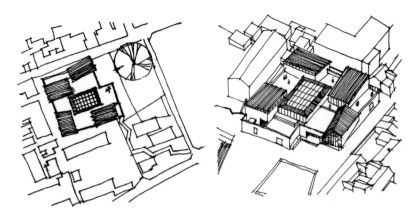

朱家角人文艺术馆 | 祝晓峰

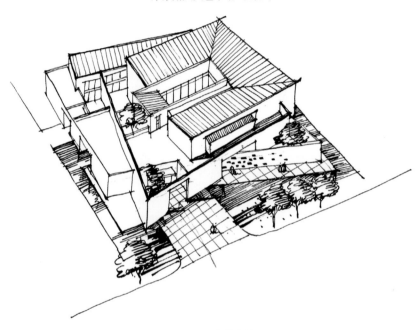

贾平凹文化艺术馆

（5）插入玻璃体块，打破建筑体量。

（6）利用片墙分割建筑体块

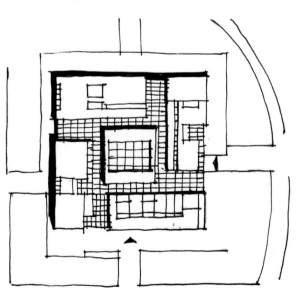

安徽省博物馆新馆

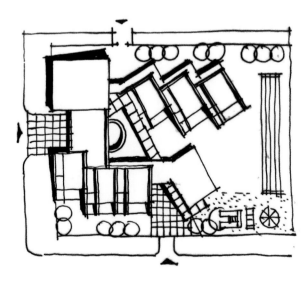

某快题设计

61

2.3.2 空间的属性

1. 空间的虚实与节奏韵律

虚实的概念不仅存在于建筑的立面，在建筑的平面中，虚实关系的体现在封闭空间和开敞空间的对比。建筑平面空间需要做到虚实结合。若全部由实体房间通过简单的交通组织生成的平面会产生呆板无趣的空间意向，因此应该用适当的虚空间联系实体空间；若纯粹的简单开放空间进行拼接，必然会让人觉得方案缺少设计感，空间过于空洞，平面太苍白，实际上也无

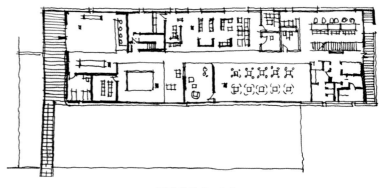

万科某售楼处 | 李虎

法满足正常使用。因此需要在大空间中嵌入实体的小房间，使得空间过渡自然，使用合理。

从方案整体的角度来说，主要使用房间的空间应该较开放和灵活，而辅助用房实体空间必然很多。此外，虚实空间的对比还体现在建筑边缘和房间角部的处理。

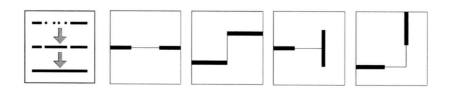

空间的节奏感主要体现在重复单元的并列叠加形成的空间韵律。

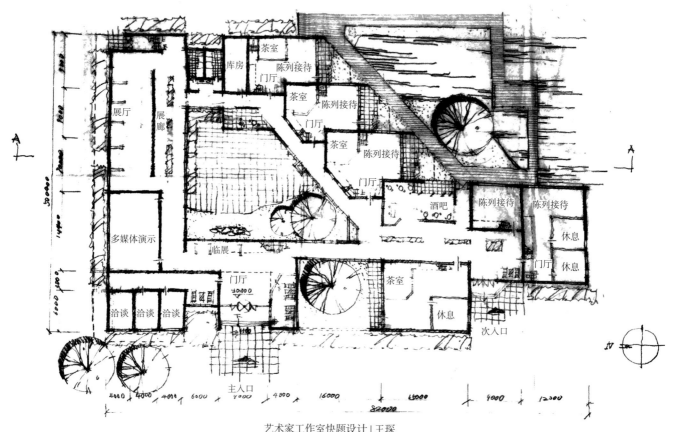

艺术家工作室快题设计 | 王琛

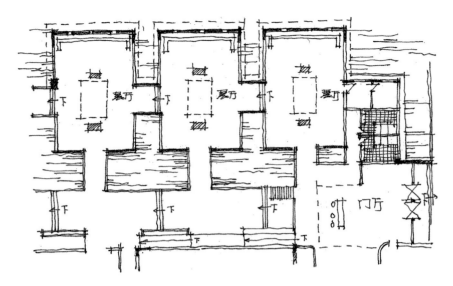

某博物馆快题设计

2. 空间的层次和疏密

快题设计中需要处理大空间和小空间的关系，大的空间在平面中表现为一种"疏"的状态，小空间则表现为"密"。我们既不能将大空间和小空间集中堆砌处理，也不能将大空间和小空间随意组合。只有在分区和流线处理恰当的基础上，进行空间疏密有致的排布才能得到合理且具有美感的平面。

1）大小空间的嵌套。方案中在大的开放空间中加入小的管理、办公、小包间等房间，增加平面的丰富性，增加建筑细节，空间即获得了划分，又体现了疏密有致的空间感。

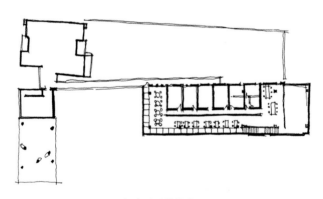

兴涛展示接待中心

2）大空间通过小空间过渡。由一个大空间进入另一个高大空间之前，常常借助一个低而小的空间作为过渡空间，可以达到空间对比的作用，使得体验者体验到大空间更加高大。

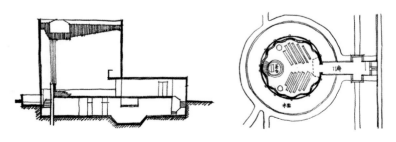

MIT小教堂 | 埃罗·沙里宁

3）轴线性布置，强调空间层次。

4）向心性布置，强调流线。

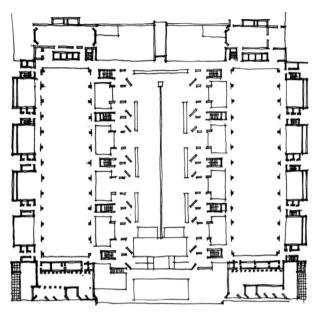

索克生物研究所 | 路易斯·康

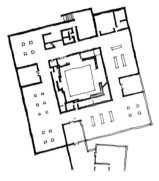

安阳阴虚博物馆 | 崔愷

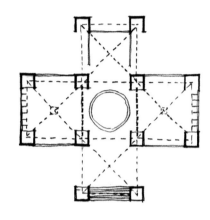

特伦特公共浴室 | 路易斯·康

3. 空间的转换与收放

设计中遇到转角空间、过长交通空间和两个大空间连接时，需要做一些缓冲和空间收放对比的处理。

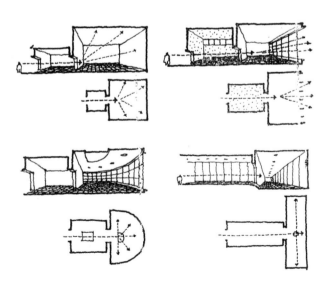

摘自《建筑空间组合论》| 彭一刚

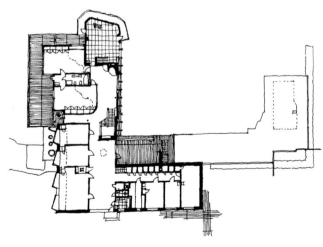

玛利亚别墅 | 阿尔瓦·阿尔托

4. 空间的渗透与流动

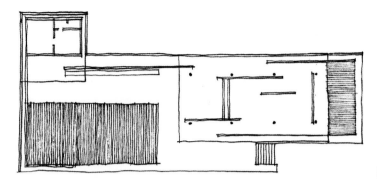

巴塞罗那博览会德国馆 | 密斯·凡·德罗

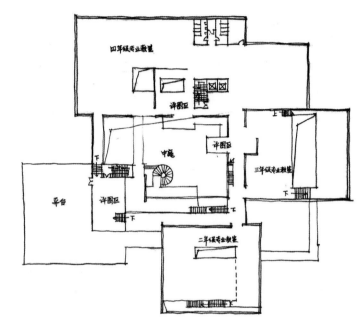

某建筑系馆设计三层 | 祁金金

2.3.3 空间的分隔与限定

1. 通过片墙划分

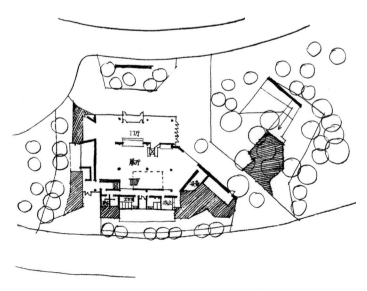

营口鲅鱼圈万科品牌展示中心 | 直向建筑

2. 通过高差划分

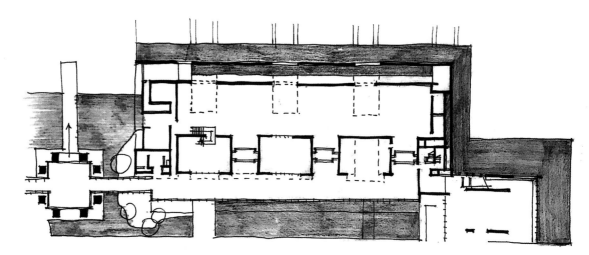

宁波帮博物馆 | 何镜堂

3. 通过柱子划分

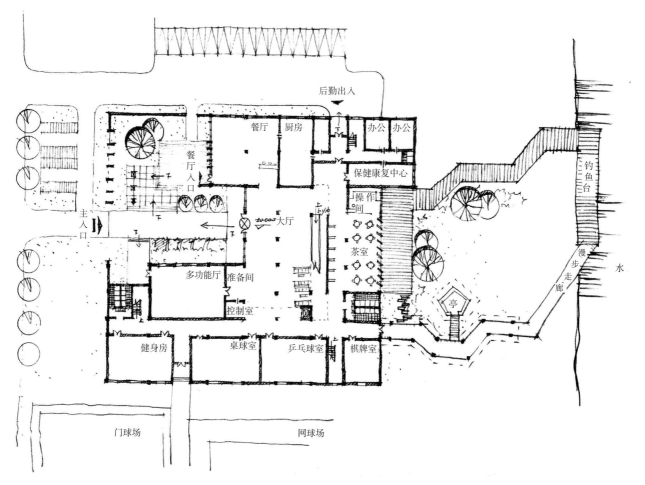

老干部活动中心快题设计 | 祁金金

4. 通过材质、家具、花池划分

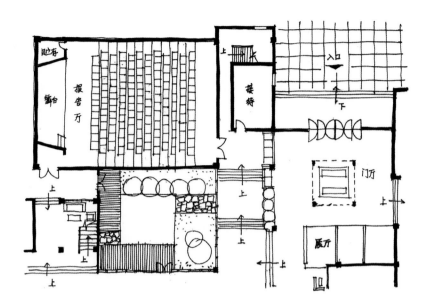

5. 不同顶面的限定感

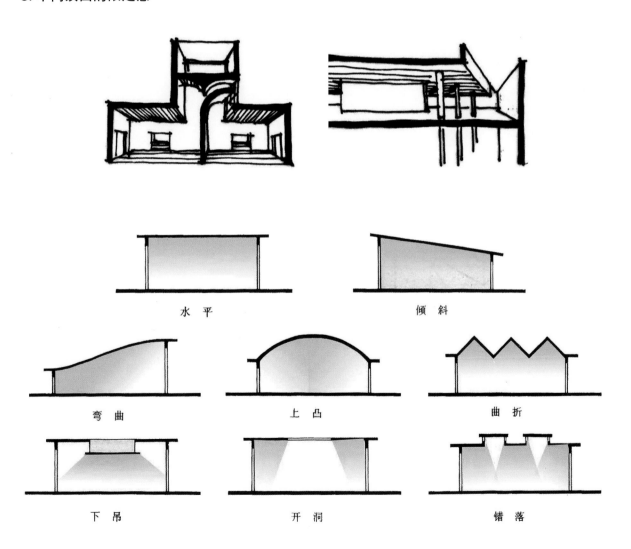

6. 不同立面的空间限定感

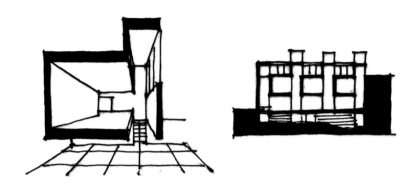

阿里坎特当代艺术博物馆 | 桑五

限定要素上洞口对空间封闭与开敞感的影响。

尺寸				洞口尺寸大，可通过的视线范围大，视野开阔，空间开敞度大
数量				洞口数量多，空间围合感减弱
形状				横窗比同面积的竖窗空间开放感强
位置	在同一竖直面上			视平面以下的低窗较视平面以上的高窗空间感封闭，在视平面高度开洞口开放感强
	在不同面上			垂直面上比水平顶面上的同面积洞口空间开放感强
	在两个相关面上			转角开洞可增强与相邻空间的连续性和相互穿插关系，两面之间的洞口减弱面的联系，随尺寸增大空间逐渐失去围合感

2.3.4　特定的空间设计

1. 入口空间

入口空间是连接室内外空间的媒介，作为使用者对建筑的第一印象，入口空间的体验感不容忽视，同时它还是场地设计的重要体现。

（1）通过广场进入建筑。

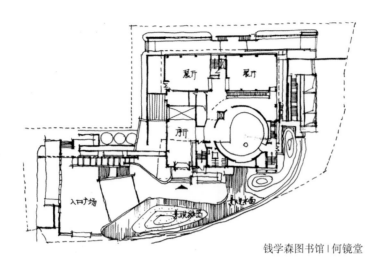

钱学森图书馆 | 何镜堂

（2）通过雨棚进入建筑。

（3）通过庭院进入建筑。

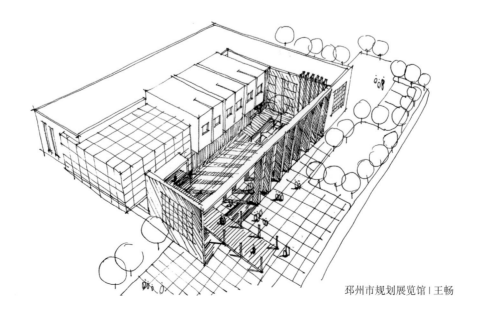

邳州市规划展览馆 | 王畅

（4）通过栈道或坡道进入建筑。

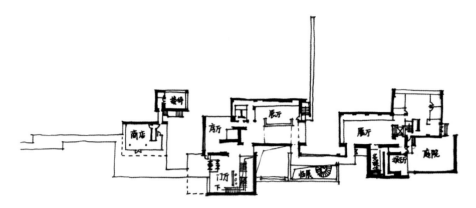

木心美术馆 | OLI Architecture PLLC

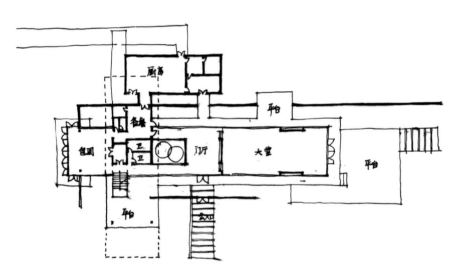

无锡太科园湖边餐厅 | 徐晋巍

（5）通过片墙或柱廊进入建筑。

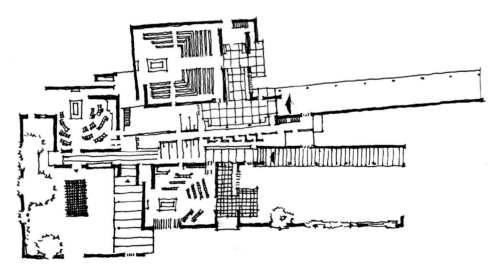

赫尔辛基玛尔摩殡仪馆 | 阿尔瓦·阿尔托

（6）通过架空进入建筑。

（7）通过架子进入建筑。

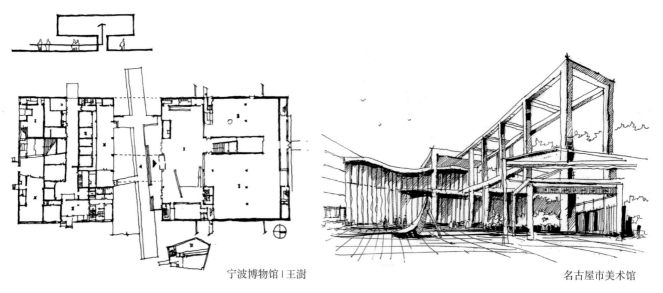

宁波博物馆 | 王澍

名古屋市美术馆

（8）通过抬升进入建筑。

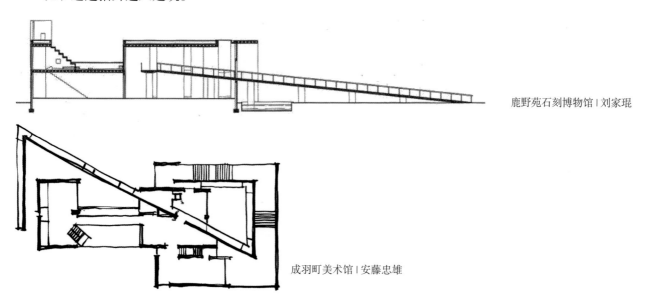

鹿野苑石刻博物馆 | 刘家琨

成羽町美术馆 | 安藤忠雄

（9）通过前导空间进入建筑。

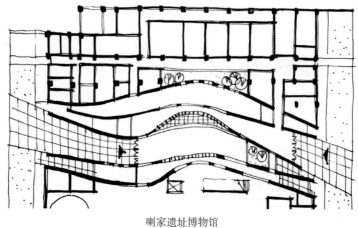

喇家遗址博物馆

2. 门厅空间

门厅位于建筑的入口处，分为主入口和次入口。在功能上，主入口起着最关键的交通集散作用，因此必须满足引导和停留的功能，另外门厅作为使用者体验的起始端，还需要给人以适宜的尺度和丰富的体验感。在快题设计中，门厅的作用一般有交通集散、接待、休息、售票、小卖等作用。值得说明的是，单纯的交通性质的门厅是不能满足各种人群的使用要求的。

门厅空间的设计是整个建筑空间设计的关键之处。在设计门厅空间的时候应该注意防止各种房间的入口直接对着门厅，这样形成的空间只能是一种交通性空间，我们往往称之为过厅。那么整个入口处除了门厅空间以外，我们还需要为了交通疏散再做一定面积的缓冲空间。

（1）门厅与休息、接待空间的结合。

门厅作为使用者在建筑中流线的开始和结束的空间，需要具有接待和等候休息的功能。

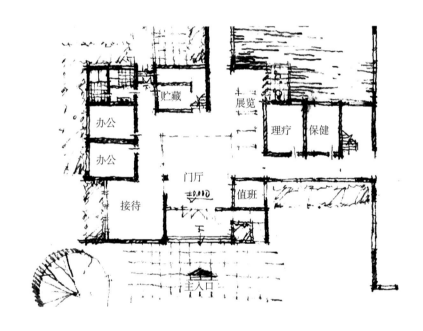

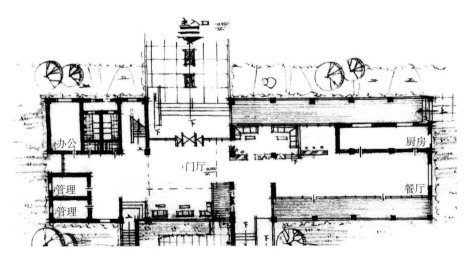

疗养所快题设计 | 张舒然

（2）门厅与展厅空间的结合。

快题设计中往往要求考生结合门厅做一定面积的展厅空间。这里我们需要明确一个概念，结合门厅并不意味着展厅必须挨着门厅，只要做好门厅空间对于展厅的引导性即可。在设计时，可以利用高差、通高、片墙等合理区分门厅与展厅空间。

1）门厅与展厅串联，通过高差划分。

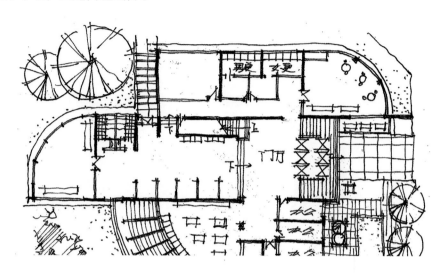

2）展厅位于门厅一侧，通过展厅的开放性加强对展厅的引导。

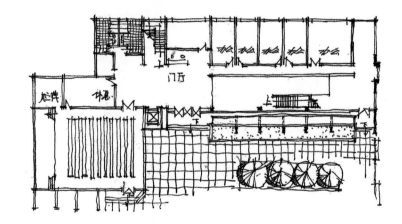

3）展厅与门厅不在同一楼层，通过共享空间和引导性较强的垂直交通加强对展厅的引导。

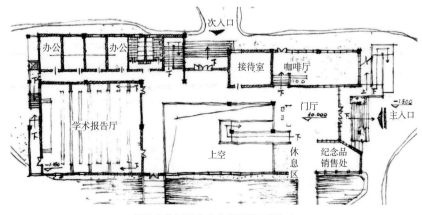

湿地文化展示中心快题设计 | 祁金金

（3）门厅与主楼梯的结合。门厅中的主楼梯一般承担了引导主要人流、活跃门厅空间的作用。

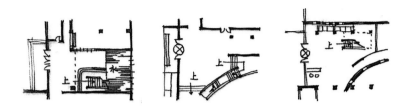

（4）门厅与景观的结合。

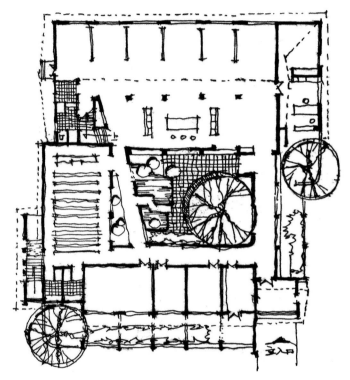

天津大学王学仲艺术研究所 | 彭一刚

（5）门厅与退台结合。

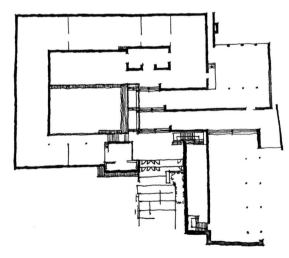

巴黎世界博览会芬兰馆 | 阿尔瓦·阿尔托

（6）门厅的通高处理。

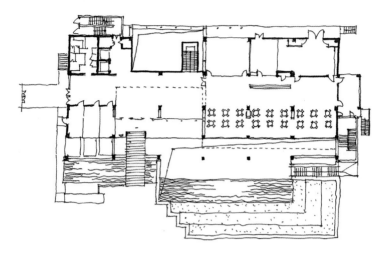

同济大学建筑 C 楼 | 致正建筑工作室

3. 水平交通空间

（1）水平交通组织的步骤。

第一步：判断建筑出入口数量是否满足。此步骤应该具体问题具体分析，但至少必须有两个出入口。有些建筑规模较小，管理与后勤出入口可合并使用，如小型茶室、厨房入口可与办公入口合并，博物馆建筑有时可将展品入口与办公入口合并。

第二步：判断同一功能分区内流线是否通达，在同一层内应快速进入任意一个房间，防止流线过长。

第三步：判断不同功能区之间是否有交通联系。一般来说，每一个功能区之间都应该有必要的交通联系。如博物馆建筑，展厅既应该与主要使用空间联系，又应该与办公空间联系，还应该与储藏空间联系。

第四步：判断不同功能分区的流线是否发生交叉。避免主要使用人流与后勤流线的交叉。

（2）水平交通组织的模式。

水平交通空间的模式分为单内廊、双内廊、单外廊和内外廊结合等。单一的交通空间往往会使建筑空间单调无趣，应该掌握内外廊交通模式的相互转换。

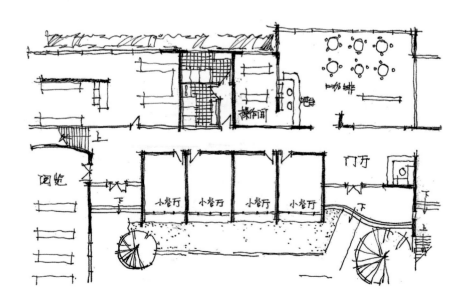

（3）交通空间的处理手法。

1）增加交通空间的宽度，增加展览、休息、交往的空间。

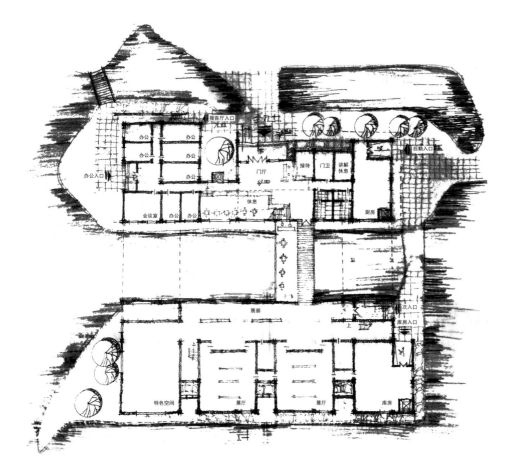

湿地文化展示中心快题设计 | 王梦

2）加入边庭通高空间，增加交通空间的体验感。

社区图书馆快题设计 | 王琛

3）结合地形，增加交通空间的高度。

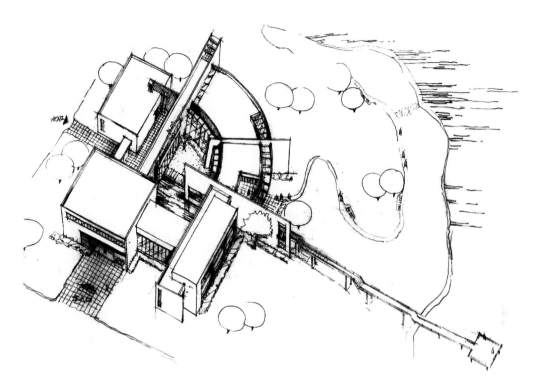

海滨疗养院快题设计 | 王琛

（4）快题设计中常见交通形式示例。

1）一字型。

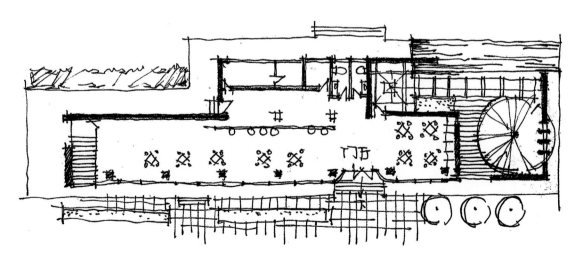

苏泉苑 | 童明

2）工字型。

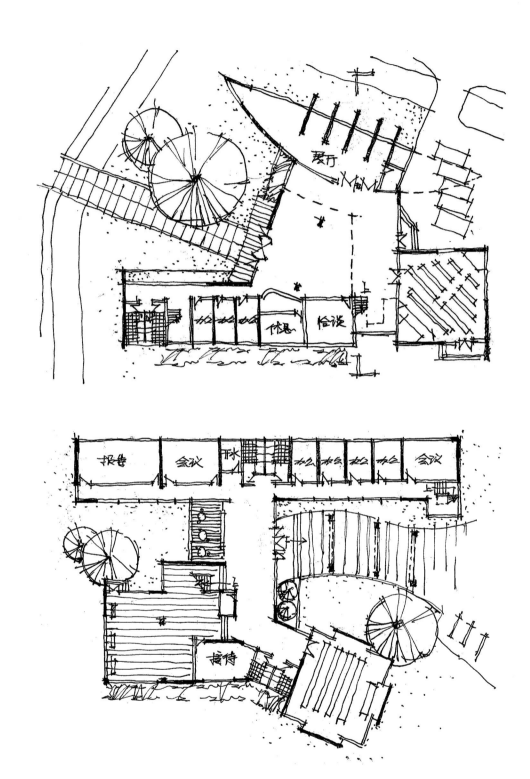

书画创作中心设计 |《建筑快题设计100例》

3）回字型。

需要强调的是，回字型平面只是一种交通组织形式，其本身并不存在任何的优劣，在整条交通流线上处理好空间的收放、虚实、内外空间的渗透融合，照样能创造出良好的内部空间效果。

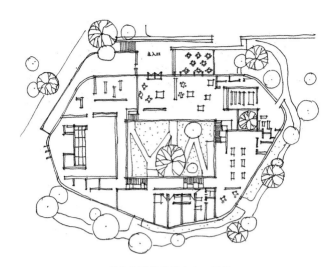

秦皇岛歌华体验中心 | 李虎

4）风车型。

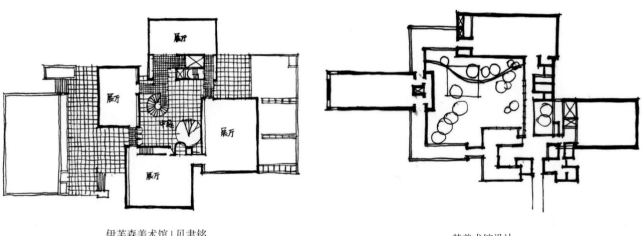

伊芙森美术馆 | 贝聿铭　　　　　　　　　　　　　　某美术馆设计

5）复合型。

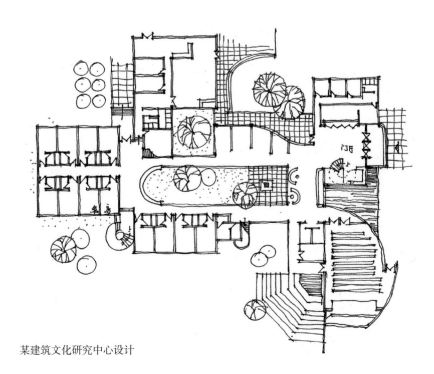

某建筑文化研究中心设计

在处理建筑交通组织的时候，由于建筑功能的复杂性，往往会采用多种交通模式，应该根据实际情况灵活组合，首先保证统一功能分区之间的交通流畅，其次保证不同功能区之间合理交通联系，并且追求均衡的美感。

4.垂直交通空间

（1）垂直交通组织的步骤及规范要求。

第一步：根据建筑的使用性质和任务书确定垂直交通工具。一般有楼梯、电梯、扶梯、坡道。

第二步：在将楼梯作为主要垂直交通工具时，先确定主要使用楼梯是否满足设计要求，其次确定疏散楼梯位置及数量。快题设计中，面积不超过 $4000m^2$ 的建筑，楼梯间不大于 4 个，且不小于建筑出入口个数，一般不同的人群要分别设置楼梯，避免人流交叉；2~3 层的建筑（医院、疗养院、托幼除外）每层建筑面积不超过 $500m^2$，且第二层和第三层人数之和不超过 100 人时，或单层公共建筑（托幼除外），且面积不超过 $200m^2$，人数不超过 50 人时，允许只设一个疏散楼梯。

楼梯的设置非常重要，体现设计的基本功，关系到建筑中的垂直交通，需满足均匀、便捷的要求。位于不同位置的楼梯具有不同的作用，因此，在设计的时候应该做到该位置的楼梯发挥相应的作用，如在入口处的楼梯起到分流的作用，位于活动中心（中庭）的楼梯起到联系的作用，在走道尽端的楼梯起到疏散的作用。快题设计中往往在门厅空间配置主要使用楼梯，在走道端部配置疏散楼梯，需根据设计自行安排。快题设计中还需根据相应的防火规范来配置疏散楼梯，具体要求如下。

1）4 层及以下的建筑物，楼梯间可放在距出入口不大于 15m 处。

2）4 层以上建筑物的楼梯间，底层应设直通室外的出入口。

3）楼梯间一般不宜占用好的朝向。

4）楼梯间不宜采用围绕电梯布置的方式。

（2）楼梯的形式。

楼梯分为双跑楼梯、多跑楼梯、直跑楼梯、折跑楼梯、异型楼梯等。其中双跑楼梯应用最为广泛，同一平面内可以有多部此类楼梯作为疏散、观光楼梯。直跑楼梯和弧形楼梯一般不单独设置，而是与门厅或走廊、展厅等共享性空间结合起来布置。

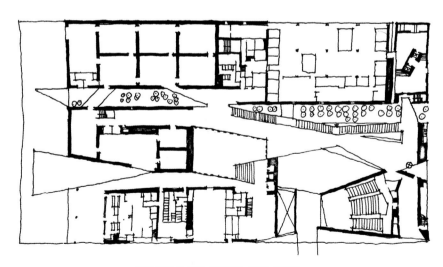

楼梯还分为开敞式楼梯和封闭式楼梯

1）可设开敞楼梯间的条件有：5 层及以下的公共建筑（医疗建筑除外）以及 11 层及以下的单元式宿舍，且楼梯间应有直接的采光和自然通风。

2）应设封闭楼梯间的情况：医院、疗养院的病房楼，旅馆，超过 2 层的商店等人员密集的公共建筑，设置有歌舞、娱乐、放映、游艺场所且建筑层数超过 2 层的建筑，超过 5 层的其他公共建筑，图书馆的书库、资料库，档案馆的档案库、汽车库等。

楼梯形式	画法图示
客用电梯	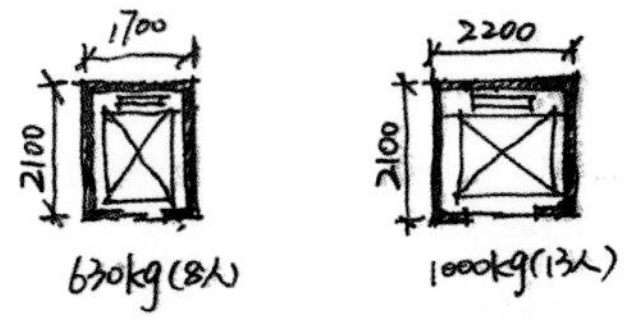
自动扶梯	
直跑楼梯	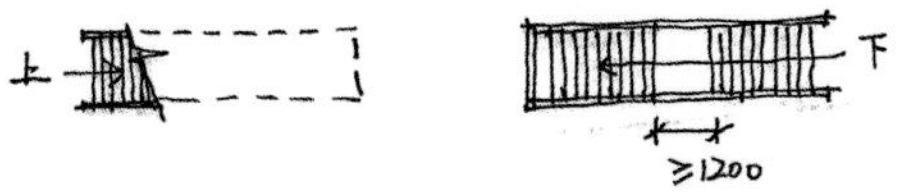 首层画法　　　　二层画法
折跑楼梯	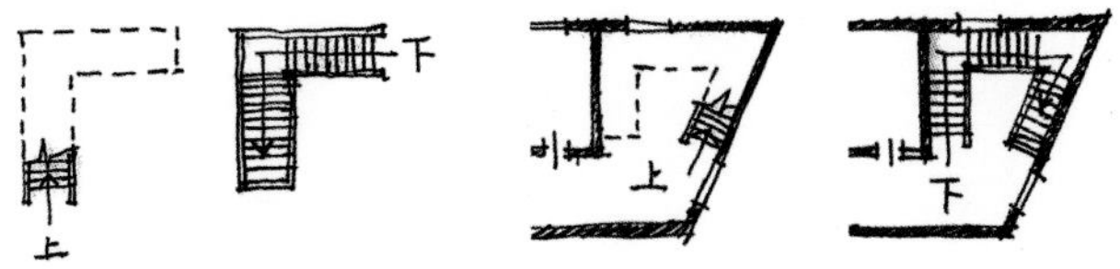 首层画法　二层画法　首层画法　二层画法
开敞式 双跑楼梯	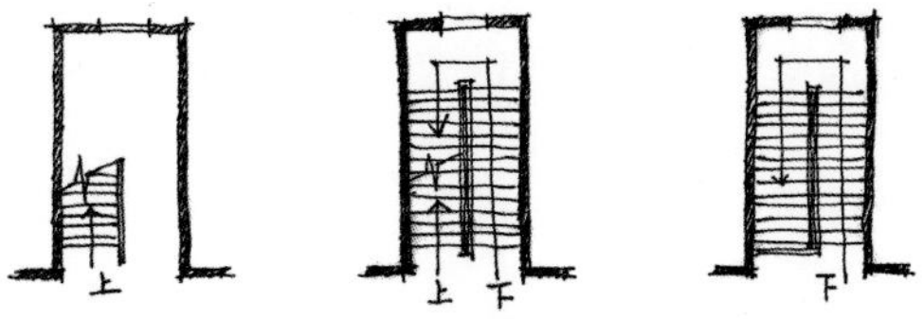 首层画法　　中间层画法　　顶层画法
封闭式 双跑楼梯	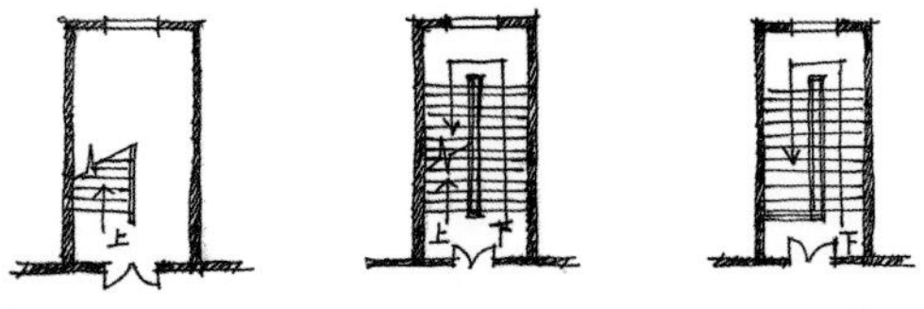 首层画法　　中间层画法　　顶层画法

（3）楼梯的尺度。

1）住宅、小学、托幼建筑的楼梯间不宜做大梯井。

2）每个梯段的踏步一般不应超过 18 级，亦不应少于 3 级。

3）楼梯平台净宽不得小于梯段净宽，直跑楼梯平台净宽不应小于 1.1m。

4）正对楼梯平台开门的门扇开足时宜保持 0.6m 以上的平台净宽，侧对楼梯平台开门时，门口距踏步不宜小于 0.4m 的距离。

5）梯段下净高不应小于 2.2m，休息平台下净高（减去梁高）不应小于 2m。

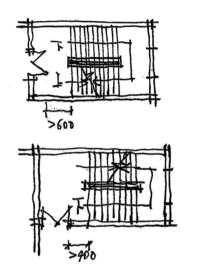
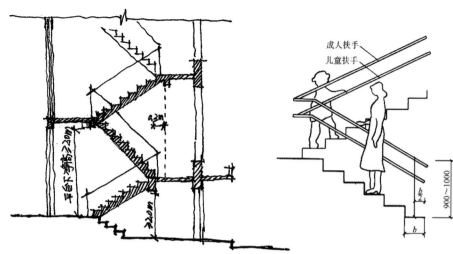

5. 卫生间

理论上一个功能分区都应该配置一个卫生间，但像小型餐厅这种建筑，厨房可与办公合用卫生间。有时候大空间为避免人流交叉也自设一个，如与报告厅配套的卫生间。

卫生间的大小应该根据该功能区的使用人数而定。一个蹲位一般服务 50 人。（如普通后勤办公卫生间蹲位一般做 2 个即可，而主要使用空间的卫生间蹲位一般做 4 个左右。）

卫生间位置选择既要满足使用者的可达性，又要具有一定的隐蔽性，应考虑一定的卫生视距，还需避免卫生间朝南占用较好的采光面。

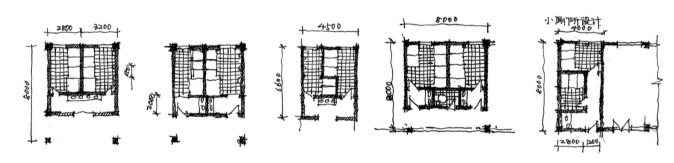

2.3.5　与安全疏散相关的规范

（1）公共建筑和通廊式居住建筑安全出口的数目不应少于两个，但如果一个房间的面积不超过 60m²，且人数不超过 50 人时，可只设一个门；位于走道尽端的房间（托幼除外）内由最远一点到房门口的直线距离不超过 14m，且人数不超过 80 人时，也可设一个向外开启的门，但门的净宽不应小于 1.4m。

（2）建筑中的安全出口或疏散出口应分散布置，建筑中相邻 2 个安全出口或疏散出口最近边缘之间的水平距离不应小于 5m。

（3）当房间门向疏散走道及楼梯间开启时，不应影响走道及楼梯平台的疏散宽度。

（4）直接通向公共走道的房间门至最近的外部出口或封闭楼

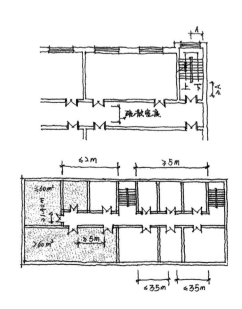

梯间的最大距离，应符合：

1）房间位于两个外部出口或楼梯间之间的房间，最大疏散距离为40m。

2）房间位于袋形走道两侧或尽端的房间，最大疏散距离为22m。

3）敞开式外廊建筑的房间门至外部出口或楼梯间的最大距离可相应增加5m。

4）如果是非封闭楼梯间，当房间位于两个楼梯间之间时，最大疏散距离为35m，当房间位于袋形走道两侧或尽端时，大疏散距离为20m。

2.3.6　优秀平面参考

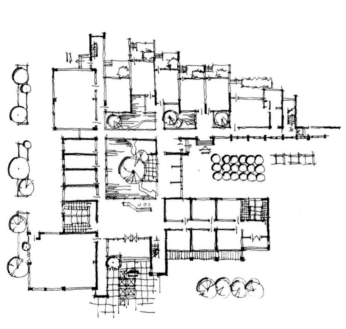

某社区活动中心快题设计 | 张燕

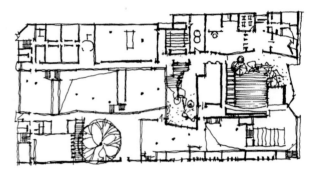

绩溪博物馆 | 李兴刚

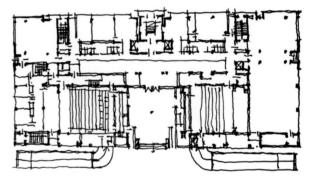

南开大学商学院 | 周恺

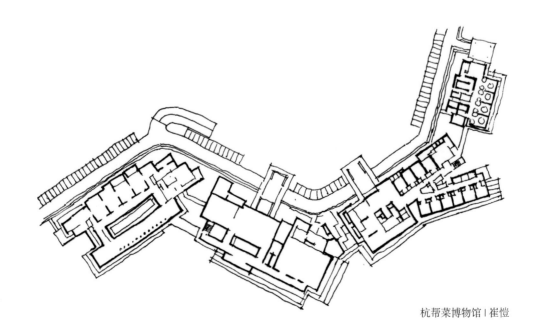

杭帮菜博物馆 | 崔恺

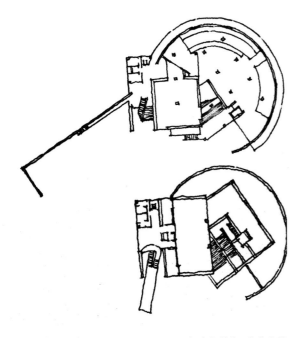

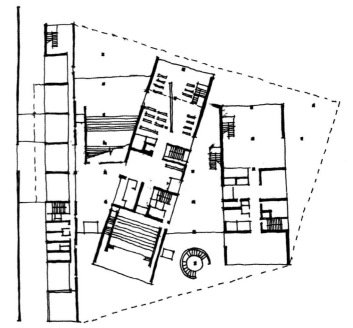

姬路文学馆 | 安藤忠雄

良渚文化艺术中心

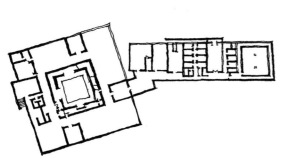

安阳殷墟博物馆 | 崔恺

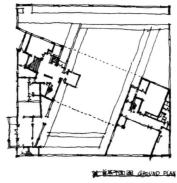

冯骥才文学艺术研究院 | 周恺

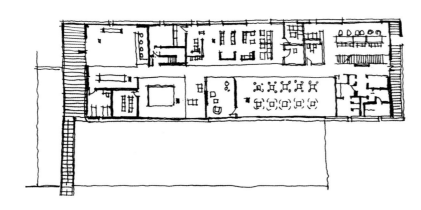

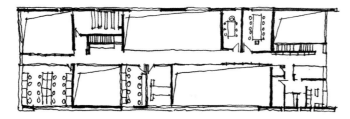

万科某售楼处 | 李虎

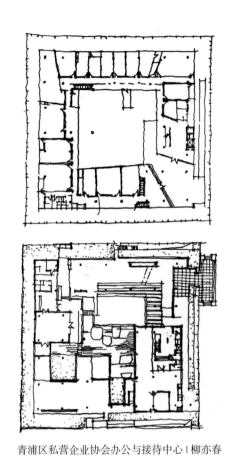

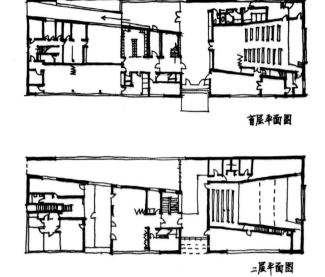

首层平面图

二层平面图

剖面图

青浦区私营企业协会办公与接待中心 | 柳亦春　　　　　　　布拉格社区活动中心

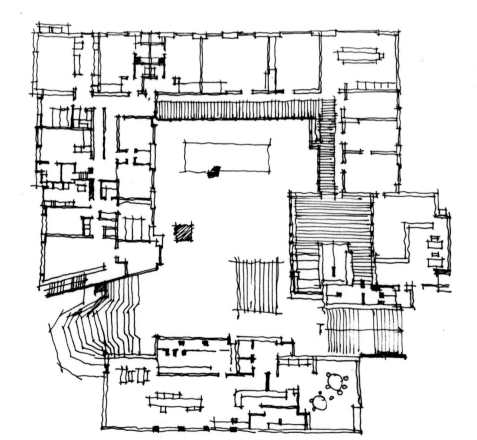

珊娜特塞罗城镇中心 | 阿尔瓦·阿尔托

2.4 建筑形体设计与立面设计

2.4.1 综述

建筑师利用一定的物质、技术手段，在满足建筑功能目的的同时，在建筑创作中运用建筑构图的规律进行有意识的组织与加工，综合反映建筑的环境布局、空间处理、外部形象，称之为建筑造型。

建筑外部设计基本由两部分构成：建筑形体设计，立面设计。我们可以这样来理解：建筑形体设计是建筑体块组合、穿插等形成的建筑形体组合；而立面设计一部分是立面构图手法，另一部分是通过立面展现出来的建筑性格。

我们必须对以上两个概念有比较深刻的理解才能对其有深入的塑造。关于形体造型和建筑性格的统一和手法，并没有什么公式存在，而是需要大家真正从审美本质去理解。简单说来，大家可按照下面所讲的去审核自己的设计思维，看看逻辑是否和自己心仪学校的阅卷老师相符合。

建筑体量与空间的共生。形态要素按一定关系构成建筑空间的同时，也构成外部表现的实体，两者是正负互逆的反转共生关系。

公共建筑的体形与空间是建筑造型艺术中矛盾的两个方面，它们之间是互为依存、不可分割的，因而在设计时不能孤立地去解决某个方面的问题。

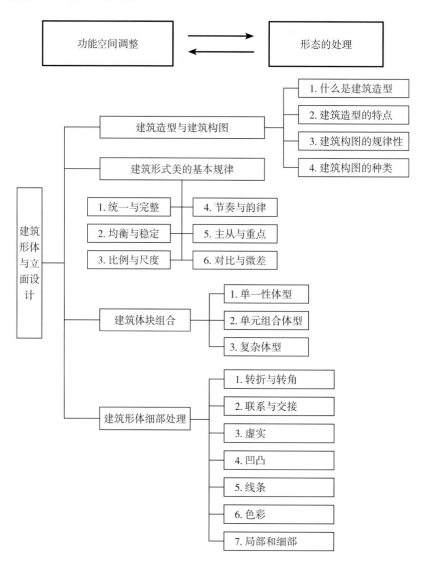

2.4.2　建筑构图规律

建筑形式美的基本规律是建筑艺术形式美的创作规律，也称为构图原理。大家只有先从这些方面了解建筑形式美，才能在形体设计上有所建树。

1. 统一与完整

统一与完整主要强调规律性、整体性，避免杂乱无章。建筑形体和立面设计运用统一规律增加建筑美感的手法有以下几种。

（1）利用简单的几何形体来创建统一稳定的建筑形象。

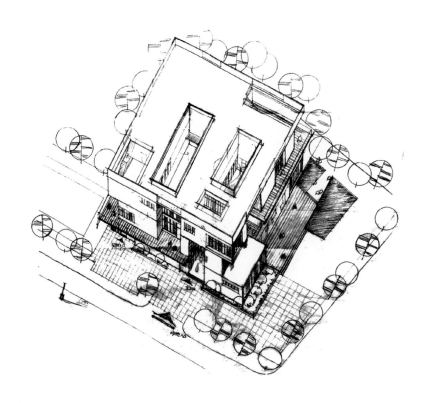

（2）利用次要部位对主要部位的从属关系，例如体量、高度。

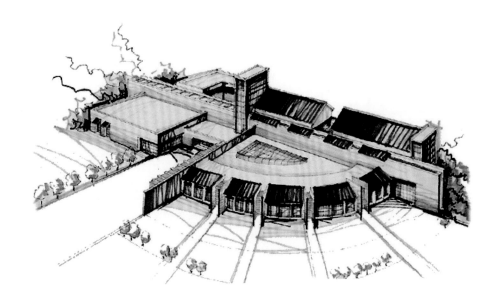

（3）采取相同相似的处理手法，以造成相互间的呼应，从而提高建筑的统一整体感。

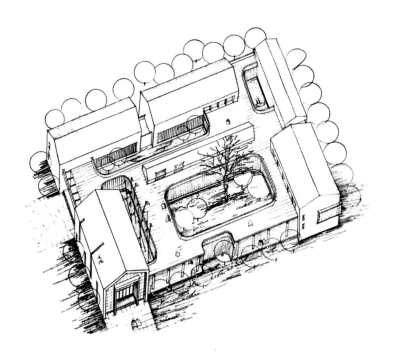

（4）利用色彩和材质寻求统一。

2. 均衡与稳定

均衡是指建筑综合整体的关系。主要形容建筑物各部分前后、左右的一种平衡关系。建筑的均衡感是由视觉造成的。

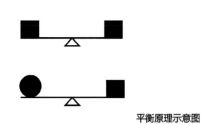

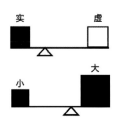

平衡原理示意图

（1）对称的均衡。

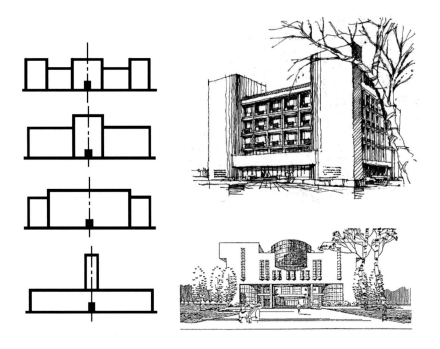

（2）不规则均衡。在均衡中心用突出的体块加以强调，是不规则均衡的首要原则。

（3）动态的均衡。现代建筑往往从各个方向来看待建筑的均衡问题，是动态的。

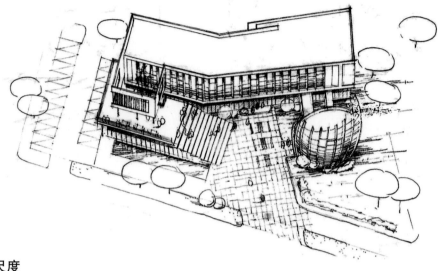

3. 比例与尺度

建筑比例是指建筑形式与人的心理体验所形成的一种对应关系，可以分为整体比例和划分比例。

在建筑学中，与比例密切相关的特性是尺度，尺度的实质是指建筑物整体与局部给人感觉上的大小与其真实大小之间的关系。建筑尺度感是通过人或与人体活动有关的构配件（如台阶、门、栏杆等），作为感觉上的比较标准而产生出来的。

建筑设计过程中比例关系的处理主要包括三个层面。

（1）建筑物整体的比例关系。

（2）各部分相互之间的比例关系，墙面分割的比例关系。

（3）细部的比例关系。

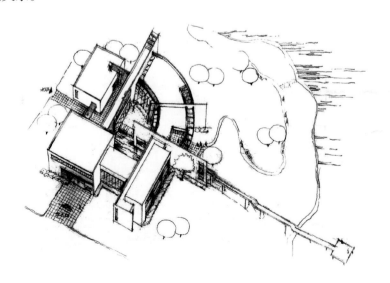

4. 节奏和韵律

韵律是有规律的抑扬变化，是运用理性、重复性、连续性等特征，结合建筑功能和结构需求，合理结合建筑的各要素，使之在建筑构图中既形成统一性又富有变化，类似音乐的韵律感。因此，人们把建筑称为"凝固的音乐"。

节奏和韵律是使大体上并不相连贯的感受获得规律化的最可靠的方法之一。

（1）体量上的重复。

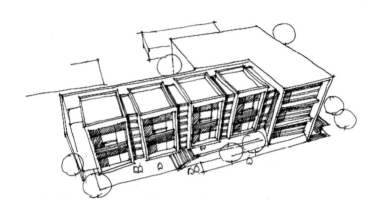

（2）构件上的重复。

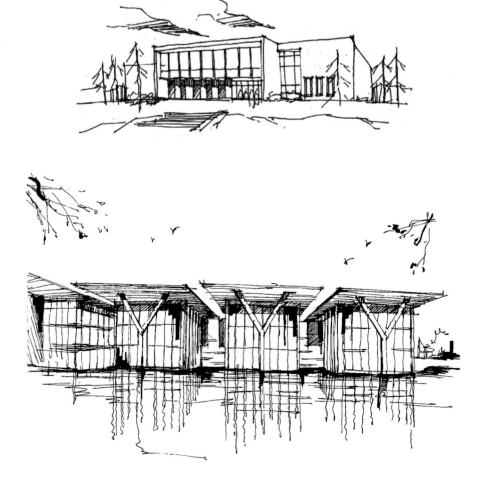

5. 主从与重点

在单个建筑、群体建筑以及建筑内部都存在一定的主从关系。主要体现在位置的主次、体型及形象上的差异。

重点是指视线停留中心，为了强调某一方面，常常选择其中某一部分，运用一定建筑手法，对一定的建筑构件进行比较细致的艺术加工，以构成趣味中心。

以片墙的体验性作为设计的主体，建筑反而成了从属于片墙的体块。

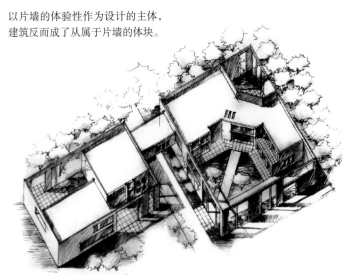

重点处理主入口及主要大厅。

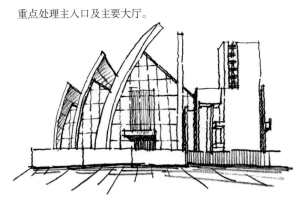

6. 对比与微差

在建筑设计领域中——无论是整体还是细部、单体还是群体、内部空间还是外部体形，为了破除单调而求得变化，都离不开对比与微差手法的运用。利用差异性来求得建筑形式的完美统一。对比与微差只限于同一性质的差别之间。

对比：建筑中某一因素（材料、色彩、明暗等）有显著差异时，所形成的不同表现效果称为对比。它可以借彼此之间的烘托陪衬来突出各自的特点以求得变化。

微差：是指因素之间不显著的差异，可以借相互之间的共同性以求得和谐，如园林中的花窗。

（1）大小对比。

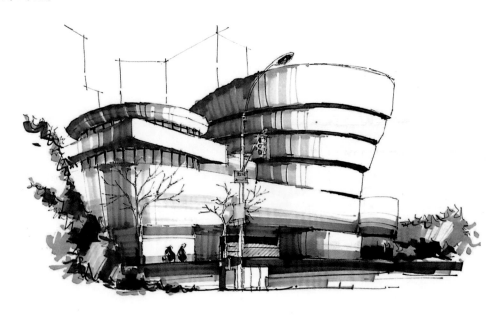

（2）形状对比。

（3）不同方向对比。

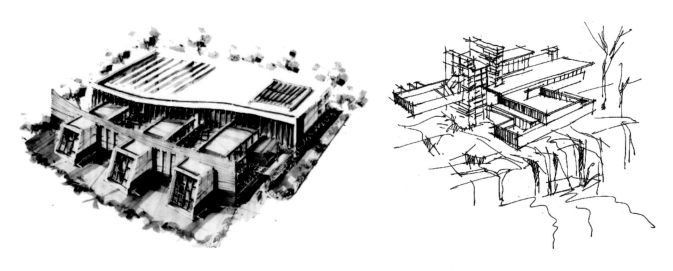

（4）虚实对比。

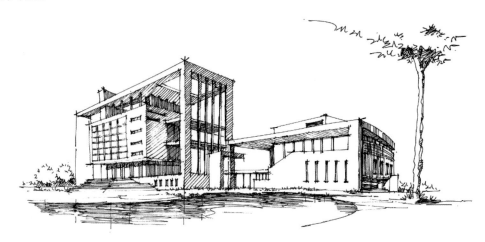

（5）不同色彩与质感的对比。

（6）光影的对比。

小结

合理并灵活运用建筑的构图规律，进行建筑整体与细部的处理，使之达到多样统一的根本原则。

2.4.3　建筑形体设计

一定要对之前的建筑形式的几个基本规律做到心中理解，然后在此基础之上，再进行建筑形体设计的进一步探讨，现有感性的认识，再有理性的思维去完成整个设计。

1.单一性体型

（1）平面几何体型。由四个以上的平面，以其边界直线互相衔接在一起，形成的封闭空间称为平面几何形体，如正三角锥体、正四棱锥体、正立方体、长方体、正五棱柱体或其他以平面构成的多面立体等。采用平面几何形体构建的建筑形体统一、完整、简练、大方、庄重、稳定性强，如埃及金字塔为正四棱锥体，其造型显得稳重、高大、宏伟。现代建筑师在平面几何的基础上采取变换手法，使建筑造型变得更加丰富多彩。

完整的方形体基础上通过几道减法实现空间上的变换，既合理解决了功能分区，又丰富了建筑造型。

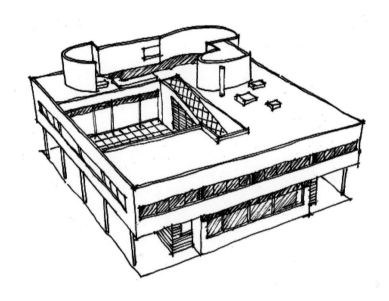

（2）几何曲面体型。由几何曲面所构成的方块体或回转体。常见的建筑形体有圆球、圆柱、圆台及带有几何曲线变化的方体或回转体等。

古根汉姆美术馆是著名美国建筑师赖特的作品，主体为上大下小的螺旋体，上部有巨大的玻璃穹顶采光，由于体型具有旋转的动感，取得了动态的稳定。

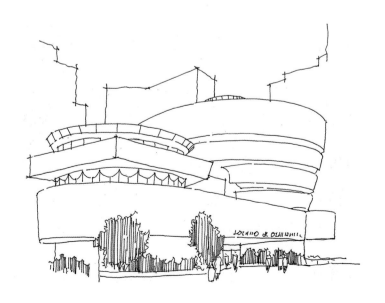

由著名法国建筑师柯布西耶设计的朗香教堂将基本几何形体扭转、弯曲成抽象雕塑，柯布西耶称它为"倾听上帝声音的耳朵"。

2. 单元组合体型

整体建筑分解成相同的若干单元，拼接灵活，易与地形结合。由于体型上的连续重复而造成强烈的节奏效果，易形成整体形象。

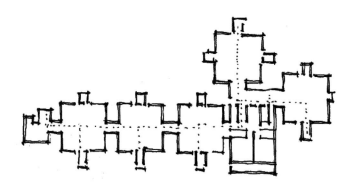

以相似的形体进行组合，适合于具有相近或相同功能的建筑，易形成较强的韵律感和节奏感。

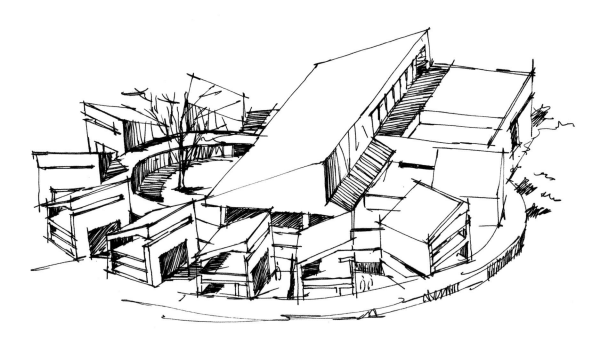

（1）体型组合可结合基地环境的道路走向、地形现状随意增减单元体，形成台阶式、锯齿型、一字型等体型。

（2）建筑形体没有明显的均衡中心及主从关系。

（3）单元体连续重复的组合具有强烈的韵律感。

3. 复杂体型

复杂体型是由若干个不同体量、不同形状的形体组合而成。在组合时，运用建筑形式美规律处理好体量与体量间的协调和统一问题。

（1）主次分明，交接明确。将建筑物分为主体和附体，强调主体，突出重点，并将各部分巧妙地组合成统一整体。

（2）对比变化，造型丰富。运用体量间的大小、形状、方向、高低、曲直等对比手法，突出主体，创造出丰富、变化的造型效果。

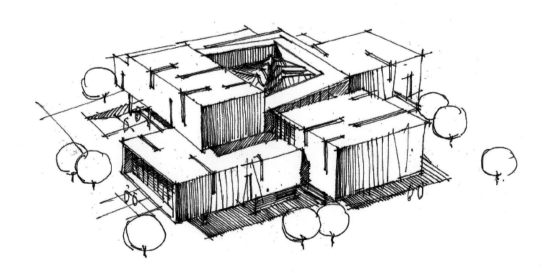

（3）完整均衡，比例恰当。体型组合的均衡包括对称与非对称两种方式。对称的体型组合易达到均衡和完整的效果；对于非对称式，要特别注意各部分体量的大小比例关系，在不对称中求均衡。

4. 建筑形体转折与转角处理

建筑形体转折与转角是在特定的基地位置和地形条件（如水池、大树、古迹、道路交叉口）下布置建筑物时，建筑形体为了与地形和环境协调，有效地利用土地，要进行巧妙的转折与转角处理。

建筑形体转折主要是指建筑物顺道路或地形的变化而作曲折变化，这种变化是指建筑整个形体在平面上作简单的变形和延伸，而建筑的高度和外形特征不作大的变化。

转角是在道路交叉口处建筑形体采用主、附体相结合的处理方法，把主体作为主要欣赏面，体量较大，附体起陪衬作用，体量较小。转角处可局部升高，形成塔楼，以塔楼形成道路交叉口、广场、主要出入口、繁华街道的视觉中心。

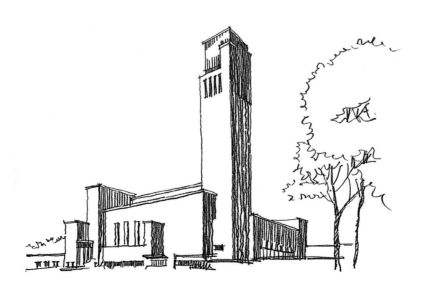

建筑转折与转角示意图。

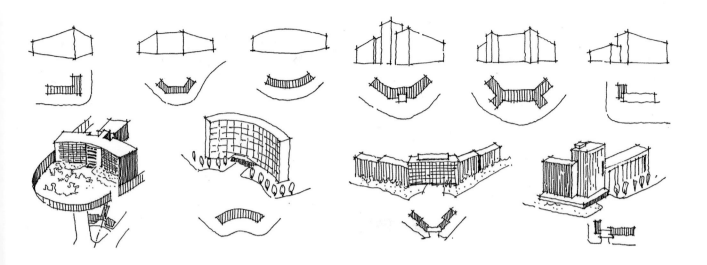

5. 建筑体量间的联系与交接

（1）直接连接。不同体量的面直接相连或拼接称为直接连接。这种方式给人以联系紧密、整体性强的效果，适用于功能上要求各房间联系紧密的建筑。

（2）咬接连接。体量间相互穿插、相嵌称为咬接。这种方式造型集中紧凑，内部交通短捷，较直接连接更易获得有机的整体效果。

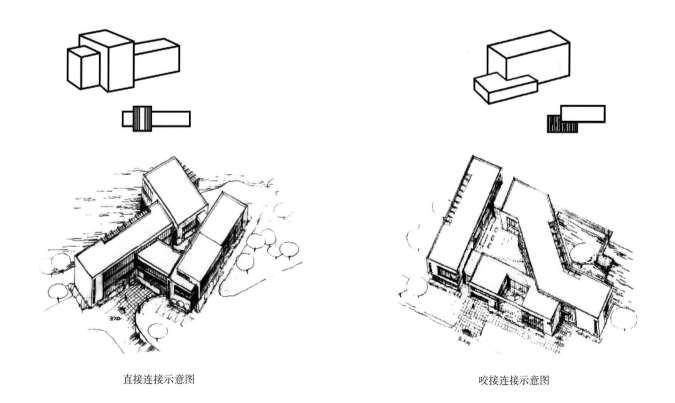

直接连接示意图   咬接连接示意图

（3）廊或连接体连接。这种方式给人以轻快、舒展、空透的效果，各体量间各自独立，建筑造型丰富，有利于庭院的组织。

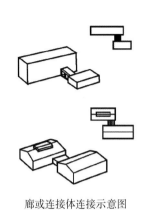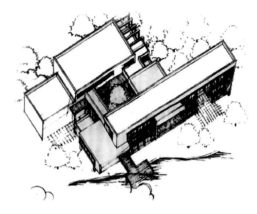

廊或连接体连接示意图

6. 建筑体型的切割

将建筑形体多余的部分去掉的手法称为体型切割。体型切割的特点是雕塑感强，形象别具一格。如著名建筑师贝聿铭设计的华盛顿美国国家艺术馆东馆的外部体型犹如一个不等腰梯形的体量中挖去多余部分；波兰剧院的体型是在一块大的螺旋体内挖去多余部分，使剩余部分更加完整，更富有变化。

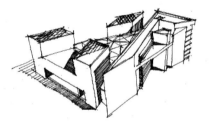

美国国家艺术馆东馆　　　　　　　　　　　　　　波兰剧院

这种切割也就是我们常说的建筑形体做"减法"处理。减法，即在一个整体的完整形体基础上，挖掉、剪掉一些小的体块，最后生成的体块是保证整体非常有逻辑而形体非常丰富且有韵律的形体组合。这也应了经常说的口诀："先整齐再变化。"

有减法就有加法，顾名思义，就是体块或是形体的叠加，通过有一定的规律、构图法则、约束条件或是场地来生成的"有原因、有道理"的形体。

为什么说是有原因、有道理呢，这也是我们不是特别推荐大家过多用加法的原因，因为加法往往会造成形体烦琐甚至"跑形"，不像减法是在保证整体性的基础上做切割。

此外，除了加法和减法，还有常见的手法是"无数减中一点加"，也是非常常见的塑造形体的手法即在对主要的形体采用减法的基础上，再用一道加法手法增加一个有冲击力的体块，有时候会有意想不到的效果。

2.4.4　建筑立面的分类解析

建筑立面设计就是恰当地运用形式美的规律，确定这些组成部分的形状、尺度、比例、排列方式、材料和色彩等，使之与总体协调，与内容统一，与内部空间相呼应，它是建筑形体设计的进一步深化。

为了便于大家去理解快题设计中的立面做法，从以下三个大的方面带大家去体会，尤其适用于快题设计中，希望大家能够借此举一反三，不要当作教条使用。

1. 形体式立面

从形体出发做立面，需要大家在设计过程中对形体变化有较多的思考，最终产生一个复杂多变的形体，这种设计往往不需要我们在立面上做过多的刻画和修饰，那样反而会破坏形体的完整性使之过于复杂，只需要顺应形体做简单的采光开窗，画龙点睛即可。

这些拥有着西扎式复杂形体的建筑在立面处理上往往比较简洁，目的是保持这种复杂形体的整体性和与城市环境的协调性。可以看出建筑是通过顺应地形的形体组合来实现的，在立面开窗上只采取了很简单的条形长窗，做到能够满足室内基本采光需求即可。

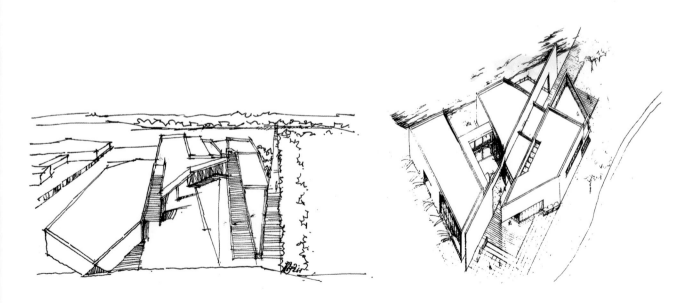

2. 整体式立面

有时候，我们应该把窗户的概念在大脑中隐藏，把建筑所有的立面铺开想成一个整体，然后在这个整体上做雕刻，雕刻完成装上玻璃，再将建筑围合起来，这就是整体式的立面。

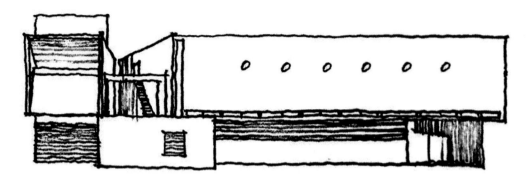

整个建筑就像矗立在海边的巨大沙雕，没有在开窗上做作，整体感极强。

三联图书馆 | 董功

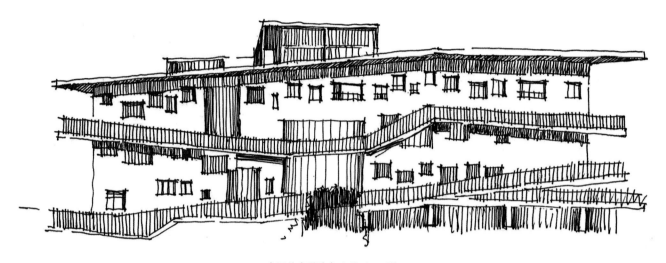

中国美术学院象山校区 | 王澍

3. 开窗式立面

在快题设计中，经常会有类似办公、教学、住宿之类的建筑类型或者功能空间，此类空间往往是一定数量成排出现，这就会造成在立面上需要单独开窗，同时又要避免连续单一开窗带来的呆板无趣，因此，开窗式的立面处理恰当也会形成丰富的立面效果。

长排型的立面开窗，运用排列、疏密、大小的变化打破了连续呆板的线型立面，使立面能够富有变化。

天津大学体量最大也是最新的一个教学楼连体，完美诠释了什么是严谨、真实、精美、多变的线性开窗式立面。在存在大的虚实变化的同时，将联排的开窗深深地凹进去从而形成丰富的光影变化，增强体块感。开窗形式上也寻求不同组合，恰到好处地排放在一起。

以上三种立面做法非常适合大家运用到快题设计中，希望从大的方面大家能确定好自己的立面设计，接下来跟大家从具体做法上再细细探讨。

2.4.5 建筑立面的设计手法

1. 立面虚实关系的处理

"虚"指的是立面上的空虚部分如玻璃、门窗洞口、门廊、空廊等，包括空间、材质和体块关系，它们给人不同程度的空透、开敞、轻盈的感觉。"实"指的是立面上的实体部分，如墙面、屋面、栏板等，它们给人以不同程度的封闭、厚重、坚实的感觉。

通常处理上是以虚为主或以实为主，以强烈的虚实对比达到重点突出的效果。

以实为主的效果　　　　　　　　　　　　以虚为主的效果

　　在立面设计中，虚实部分相互渗透，做到虚中有实、实中有虚，称为虚实穿插。

　　在虚立面中，利用结构柱、局部实墙面、装饰性符号等对虚面进行分割性点缀，以求虚中有实；在实立面中，可以利用窗洞以及面的凹凸所产生的阴影打破以实为主的沉闷感。

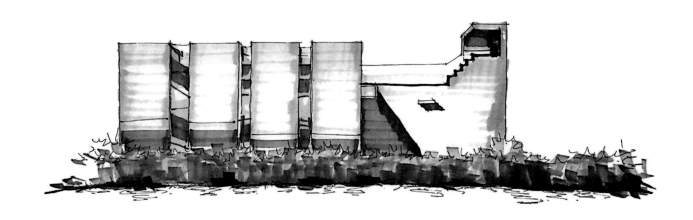

2. 立面凹凸关系的处理

　　立面上的凹进部分，凸出部分，大都是根据使用和结构构造上的需要形成的。立面上通过各种凹凸部分的处理可以丰富轮廓，加强光影变化，组织节奏韵律，突出重点，增加装饰趣味等。

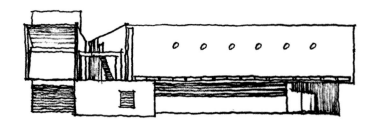

　　把一面墙当成一个整体来考虑，虚实两部分由于组合得十分巧妙，从而形成一幅完美的图案，不仅具有韵律感，而且还具有强烈的体积感。

3. 立面线条的处理

立面上对线条的处理，诸如线条的粗、细、长、短、横、竖、曲、直、疏、密等对建筑性格的表达、韵律的组织、比例的权衡，具有重要的作用。线条处理手法有以下几种。

（1）以竖向线条为主。

（2）以横向线条为主。

（3）横竖线条交错形成网格。

在水平和垂直线条中加入折线、斜线和弧线，使整个建筑更富有变化，更有动态感。

4. 立面色彩的处理

建筑色彩处理包含两大方面：基本色调的选择，建筑色彩构图。

建筑色彩主要考虑的因素：气候条件、与周围环境的配合、建筑的类型和性质、乡土风貌等，色彩构图应该为实现总的色彩基调和气氛服务，同时又要弥补基调的不足之处。

5. 立面的局部和细部处理

局部与细部的处理首先要符合建筑物整体性格和气氛的要求。

运用各种线条、装饰、材质、色彩等手段，合理设计细部会对建筑整体形象的塑造起到推波助澜的作用。

建筑细部的设计一方面是装饰的需要，另一方面往往是结构或构造节点合乎逻辑的结果，这也是我们在设计中的一大薄弱环节。

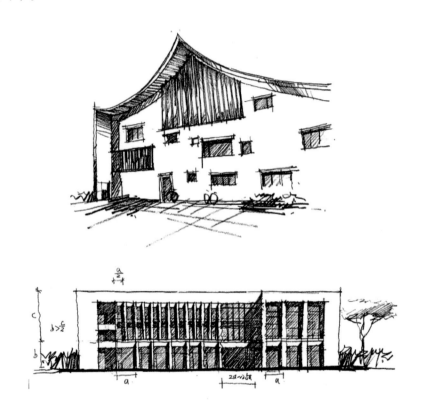

小结

立面设计原则。

（1）风格统一。

（2）立面连续性和衔接。

（3）立面开窗形式的均衡。

关于建筑性格，其实就是做什么像什么，那么建筑性格专题正是在帮助大家解决这个问题，我们要继续来深入研究这个内容。多积累案例，各类型的建筑都要积累，这样才能迅速调用，才不至于把所有建筑都做成办公楼。另外，建筑性格不单单体现在建筑的表面，还体现在建筑所处的氛围，内外统一。

第 3 章　常考建筑类型设计原理

3.1 观览类建筑设计原理

3.1.1 观览类建筑分类

观览类建筑包括电影院、剧院、展览馆、博物馆等。在快题考试中，为了考查展示空间布局、功能整合和多流线设计的能力，经常会涉及此类建筑。但快题设计往往只会考查中、小规模建筑，面积往往控制在 4000m² 以下。

下表为一些快题设计案例积累过程中可参考的案例。

项目名称	设计者	地点	建筑面积	关键词
绩溪博物馆	李兴刚	绩溪	10003m²	院落空间
何香凝美术馆	龚书楷	深圳	5000m²	形体、内部空间
苏州博物馆	贝聿铭	苏州	19000m²	院落空间
鹿野苑石刻艺术博物馆	刘家琨	成都	990m²	形体、流线
安阳殷墟博物馆	崔愷	安阳	6520m²	内部空间
宁波帮博物馆	何镜堂	宁波	24107m²	秩序、体块
四川绵竹历史博物馆	苏州工业园区设计研究院	绵竹	3100m²	体块
中国书院博物馆	魏春雨	长沙	4736m²	形式、内部空间

3.1.2 展览馆设计要点

展览馆是一种专门用于陈列临时展品、内容广泛的展示场所。展览馆是一个多功能载体。它不仅是展示中心，也是商业贸易、文化娱乐、旅游服务和生活服务的中心。

1.场地设计

（1）小型展览建筑基地应至少有一面直接临接城市道路。

（2）总平面布置应功能分区明确，总体布局合理，各部分联系方便、互不干扰。交通应组织合理，流线清晰，道路布置应便于人员进出、展品运送和装卸。

（3）外场地的面积不宜少于展厅占地面积的 50%。展览建筑的建筑密度不宜大于 35%。

2.功能设计

（1）馆内一般包括展览区、观众服务区、藏品库区、办公后勤区四个功能分区。

（2）中、小型图画陈列室中有布置在陈列柜中的水平陈列品，应采用高侧窗或低侧窗；大型绘画陈列室，要求光线均匀柔和，宜用顶窗；雕塑陈列要求光线带有方向性，宜用高侧窗。

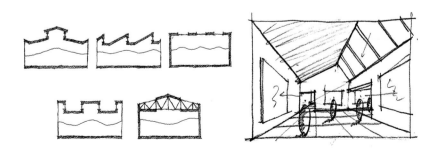

（3）要为参观人群营造舒适的参观体验氛围、参观序列的空间秩序性与景观的适宜性。

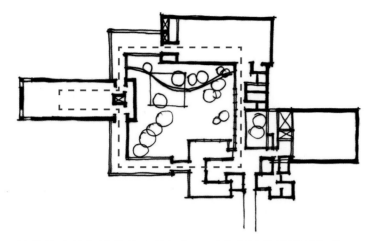

（4）在其他方面，展览馆建筑与博物馆建筑相似，可参考博物馆设计部分。

3. 流线组织

（1）参观流线与展品运送流线互不交叉。

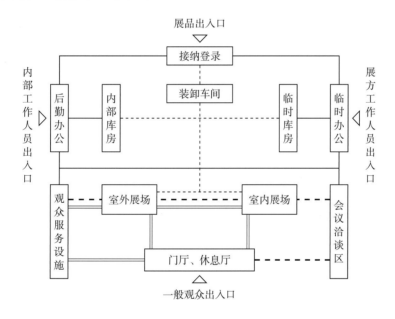

（2）展厅和展场的空间组织应保证展览的系统性、灵活性和参观的可选择性，公众参观流线应便捷，并应避免迂回、交叉。参观路线与展览内容相关，流线也根据此分为并行式、串联式和组团式三种，其中，串联式的空间连续性强，并行式或组团式的展览内容独立、选择性强。

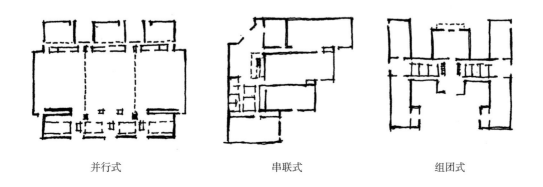

并行式　　　　　　　　　　串联式　　　　　　　　　　组团式

类型	口袋式	穿过式	混合式
参观路线			
陈列布置形式	单线陈列 双线陈列 三线陈列	单线陈列 双线陈列 三线陈列	灵活分隔 中间庭院 三跨多线

4. 形体设计

立面上往往会有连续的小窗和大面积实墙，这是这类建筑性格特征的重要反映。

3.1.3 博物馆设计要点

博物馆指一种专门用于陈列长期化、内容专门化的展示场所。博物馆除了具有一般展示的功能外，还具有研究、教育、收藏的功能。博物馆展陈必须要围绕一定的历史事件或某一主题展开，整个展览必须建立在一定的逻辑关系基础之上。因此，在进行博物馆设计时，要特别注重观众参观体验，强调布展的流线设计。

1. 场地设计

场地设计要满足观众集散、参观和藏品装卸运送要求。陈列室和藏品库若临近车流集中的城市主要干道布置，沿街一侧的外墙不宜开窗；必须设窗时，应采取防噪声、防污染等措施。

2. 功能设计

（1）馆内一般包括陈列、藏品库、技术及办公、观众服务设施这四个功能分区。

（2）藏品库应接近陈列室。陈列区不宜超过四层，一层以上的藏品库或陈列室要考虑垂直运输设备（货梯）。陈列室，藏品库，修复室等部分房间宜南北向布置，避免西晒。

（3）临时展厅内容经常更换，在设计中应单独设置，并尽量设计成大空间（增强空间划分的灵活性）。

（4）报告厅的位置应既接近展厅又相对独立。陈列部分的管理人员用房应与陈列室联系方便，便于管理，并与参观路线不交叉干扰。

（5）陈列室单跨时的跨度不宜小于8m，多跨时的柱距不宜小于7m。室内应考虑在布置陈列装具时有灵活组合和调整互换的可能性。

（6）陈列室的室内净高除工艺、空间、视距等有特殊要求外，应为3.5~5m。

3. 流线组织

参观流线与展品运送流线互不交叉。参观流线的几种分类方式参考展览馆建筑设计。

3.1.4 剧院设计要点

剧院建筑根据使用性质及观演条件可分为歌舞、话剧、戏曲三类。剧院为多功能时，其技术规定应按其主要使用性质确定，其他用途应适当兼顾。

1. 场地设计

（1）观众与演出分区，各类人流和车流避免交叉，保证足够的疏散场地。

（2）演员宿舍、餐厅、厨房等辅助用房附建于主体建筑时，应形成独立的防火分区，并有自己的疏散通道和出入口。

（3）做好环境绿化工作。在南方地区，室外候场和休息是观众喜欢的形式。

（4）有效利用自然地形，因地制宜，创造出错落有致、富于变化的建筑空间。

2. 功能设计

进行细致的视线设计和声学设计，使观众看得清、听得好。座椅排布合理，保证人流的有效组织和观众的安全集散，平面及剖面设计要使室内有良好的通风和舒适的温度，创造宁静、安定的气氛，使观众集中精力看演出。功能组合关系参照下图。

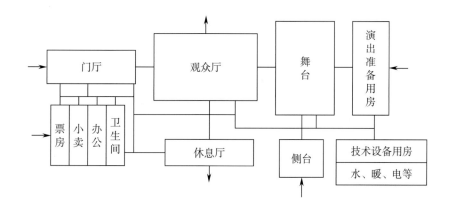

3. 观众厅视线设计

（1）视距控制。观众眼睛到设计视点的距离称为视距。人眼能看清 1cm 景象的最远距离为 33.3m。根据这一规律以及各个剧院类型的不同，话剧院视距宜控制在 25m 左右；地方剧院控制在 28m 左右；歌舞剧院控制在 33m 左右，若有兼放电影的功能，一般控制在 36m 左右。

（2）剧院设计视点。剧院设计的视点位于舞台面大幕线中央。高度位于舞台面或高出舞台面 0.3m 以内。舞台面高度比前排观众地坪面高 1m 左右。

（3）水平视角控制。偏座的水平控制角 θ 是由台口两侧向观众厅同侧各引一直线，二线相交的夹角。观众席应布置在此区域内，根据不同剧种宜控制在 41°~48° 之间。首排观众水平角 β 不应大于 120°。

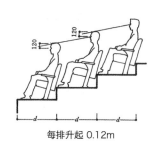

每排升起 0.12m

（4）仰俯视角控制。观众的仰视、俯视都不利于看清目标，有时还会引起不适，仰视常出现在前排观众，俯视常出现于楼座最远排观众。俯角不应大于 20°，靠近舞台的包厢或边楼座不宜大于 35°，仰角不应大于 40°。

（5）无阻挡视线控制。C=0.12m，C 是指观众视线（落到设计视点的视线）与前排观众眼睛间的垂直距离。

【本节参考文献】

[1] 张学敏．博物馆陈列展示设计的方法研究 [D]．天津：河北工业大学，2012.

[2] 住房和城乡建设部．JGJ218—2010.展览建筑设计规范 [S]．北京：中国建筑工业出版社，2010.

[3] 刘挺．博览建筑参观动线与展示空间研究 [D]．上海：同济大学，2007.

[4]《建筑设计资料》编委会．建筑设计资料集 [M]．北京：中国建筑工业出版社，1994.

[5] 住房和城乡建设部．JGJ57—2016.剧场建筑设计规范 [S]．北京：中国建筑工业出版社，2017.

3.2 商业类建筑设计原理

3.2.1 商业类建筑分类

商业类建筑是公共建筑中涉及范围非常广的一种，在快题设计中主要考查的是建筑与景观的结合关系，以餐厅和茶室为例，快题设计中往往在用地中设置景物，考查主要用餐区域如何与景观结合，在功能上考查餐厅、厨房与入口的关系。商业类建筑主要有：餐厅（茶室）、书店、售楼处、休闲会所、商业街。

下表为整理好的可参考案例。

建筑类型	项目名称	设计者	地点	建筑面积	关键词
餐厅	上海远香湖公园带带屋	博风建筑	嘉定新城	400m²	景观渗透
	无锡太科园湖边餐厅	徐晋巍	无锡	1200m²	景观渗透
	远香湖公园探香阁餐厅	致正建筑工作室	上海	503m²	景观朝向
	英良石材档案馆及餐厅	卜骁骏	北京	472m²	废旧厂房改建
	京兆尹餐厅	张永和	北京	1298.5m²	四合院、材料
	GUST 风味餐厅	Zooco Estudio	马德里	270m²	精致、现代
茶室	波·诺瓦餐厅茶室	阿尔瓦罗·西扎	葡萄牙帕尔梅拉	—	通透
	松阳大木山茶室	徐甜甜	浙江	477.75m²	景观朝向
	岩景茶室	华黎	威海	141m²	屋顶观景平台
	扬州竹子茶室	孙炜	扬州	241.44m²	水、廊、院
	胡同茶舍	韩文强	北京	450m²	院落、光线
售楼处	万科售楼处	李虎	北京	1115m²	桥、通高
	兴涛接待中心	李兴钢	北京	883.4m²	场景延续
	华润置地合肥售楼处	董功	合肥	900m²	院落
书店	方所	朱志康	成都	4000m²	现代
	新华里	杨奕	西安	1200m²	夹缝建筑
休闲会所	华侨城会所	理查德·迈耶	深圳	11000m²	虚实对比
	卢氏山俱乐部	Atelier Fronti	北京	1600m²	通透、景观渗透

3.2.2 餐厅（茶室）类建筑设计原则

1. 总平面布置

（1）在总平面布置上应考虑避免厨房或饮食制作间的油烟、气味、噪声及废弃物等对邻近居住空间与公共场所的污染。

（2）饮食建筑的基地出入口应按人流、货流分开设置，妥善处理货运流线。

2. 流线

服务流线与被服务流线必须明确，严禁出现冲突或交叉。从主入口进入的客人流线一般包括菜展流线、大餐厅及雅间流线、多功能厅流线、咖啡茶饮休闲流线及景观流线。办公流线可以从主入口进入然后分支，也可以与厨房流线共用一个次入口。

3. 空间和景观

空间的通透性和景观的适宜性。中小型餐厅不要把房间设计成陈列型的办公用房，应该把空间尤其是菜展、休息、大餐厅打开设计，让空间自由呼吸，在此基础上去做大小景观。大景观结合透气性强的空间做到自然渗透，不要用蹩脚的手法强制性引导人们去找景儿看；小景观在大餐厅等处做点缀处理，丰富就餐环境。

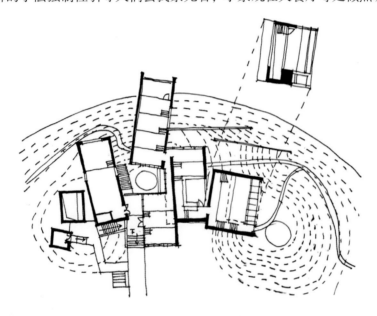

4. 厨房

（1）餐厅和厨房的比例一般为1：1~3：2，快题设计中可以有小幅的调整，两者尽量采取平行排布，直接联系或者通过较短的流线与备餐室联系，尽量不要用加片墙或者一扇门做强制性的流线分支。

（2）厨房可以布置一层和餐厅紧邻，也可以分层布置，通过食梯进行垂直送餐。卫生间不要布置在厨房的食品处理区，库房要有窗户。

（3）厨房功能流线布置原则如下图。

5. 无障碍

现代餐厅作为使用频率很高的公建尽量布置电梯，入口处要有坡道。

6. 卫生间

不应设在餐厅、厨房、食品储藏、变配电室等有严格卫生要求或防潮要求的用房的上面。

3.2.3 售楼处建筑设计原则

1. 功能

作为顾客与楼盘对话的第一道关口，它的形象设计、环境布局直接影响着顾客的情绪。售楼处功能区包括接待区、洽谈区、模型展示区、音像区（兼做休息区）等。

2. 销售平面的布置及气氛

销售平面的布置及气氛的运用对销售有很大帮助，如桌椅摆放形式、空间视线交流、中心大厅尺度、洽谈室的位置等。现在很多售楼处都会与小区会所结合做，所以要处理好不同顾客的流线问题，不要模糊。

3. 柱网

排柱网一定要注意任务书中沙盘的尺寸，不要惯性地排柱子，竖向可以多利用长坡道、错层挑空，利于空间开阔和交流，便于小模型的运送，空间不呆板，流线尽量灵活、舒展。

3.2.4 商业区门店（书店、商店）建筑设计原则

商业区门店在快题设计中出现的形式多以夹缝建筑出现，在西安建筑科技大学以及重庆大学的快题设计中均以这种形式出现，主要的特点为在商业密集区的很小的地块中设计书店、商店或某商业体，此商业体夹在众多商业体中，下面主要来讨论此类建筑的设计原则。

（1）当建筑物相邻较近时，要考虑建筑物之间的防火间距，防火间距与建筑的耐火等级有关，至少为6m，但两座建筑相邻较高的一面为防火墙时，其防火间距不限。两座建筑之间应留一定距离的施工缝。并注意新建建筑对于两侧建筑的限高要求。

（2）当用地面积较小时，题目往往会对于建筑密度、容积率和绿化率有所要求，在建筑限高的情况下，应当考虑是否要做地下部分。

（3）当建筑一侧邻临公交车站时，应当朝向公交车站方向开口，但应退让一定距离，并应合理地组织和引导人流。

（4）建筑立面不仅仅应符合商业建筑对于采光通风的需求，还应当与此街道的立面保持和谐统一。

（5）由于建筑通常会是方盒子形式，尤其应当注重内部空间的处理。

3.2.5 菜市场建筑设计原则

（1）功能：开放式菜市场，沿街店铺。

（2）开放式菜市场的层高应满足公共场所的高度要求，应设置拔气设施。

（3）流线设计：合理组织进出口人流，并应组织人流环线，避免人流的交叉，并应注重疏散的设计。

（4）店铺应当与城市外界面发生关系，并对城市外界面开门。

3.2.6 休闲会所建筑设计原则

1. 基本功能

休闲会所通常会因所在的位置有所区别，通常休闲会所的功能分为健身活动区、住宿区、办公区。

2. 功能分区

休闲会所类旅宿建筑，功能较多，在功能分区时可用水平分区或垂直分区，遵循下动上静的原则，并将游泳池这种大荷载、大空间的功能尽量放在一层或屋顶。

3.3 文化教育类建筑设计原理

3.3.1 文化教育类建筑分类

文化教育类建筑，包括幼儿园、小学、中学、大学、图书馆、学术交流中心、科研楼、实验室等与文化教育有关的建筑。在快题设计中这几种不同功能的建筑类型考查方向也不尽相同。如幼儿园设计、学校教学楼设计、学校科研楼设计等，多侧重考查规范与场地方面，而图书馆设计、建筑系馆设计、文化中心设计等，则多侧重空间与形体方面。因此对此类建筑也根据快题设计考查的侧重点进行分析说明。

下表为整理好的可参考案例。

建筑类型	项目名称	设计者	地点	建筑面积	关键词
幼儿园	安亭东方瑞仕幼儿园	致正建筑工作室	上海	6342m²	屋顶、场地
	上海嘉定新区幼儿园	大舍建筑	上海	6600m²	庭院、流线
	日本东京富士幼儿园	手塚建筑研究所	东京	4791.69m²	"无死角"
	新江湾城中福会幼儿园	致正建筑工作室	上海	4443m²	场地
	Amanenomori幼儿园	相坂研介建筑事务所	日本船桥	2051.59m²	弧形、体验
社区活动中心	寿县文化艺术中心	朱锫建筑事务所	六安	27000m²	天井、园林
	扬州社区活动中心三间院	张雷联合建筑事务所	扬州	2000m²	庭院、屋顶
	重庆桃源居社区中心	直向建筑事务所	重庆	10000m²	地景、通透
	歌华营地体验中心	OPEN建筑事务所	秦皇岛	2700m²	压缩、流动
图书馆	四川美术学院虎溪校区图书馆	汤桦建筑设计事务所	重庆	14681m²	原型
	松山湖科技产业园图书馆	周恺	东莞	12000m²	融合、有机
	钱学森图书馆	何镜堂	上海	7960m²	空间、广场
	嘉定新城图书馆	马达思班建筑事务所	上海	16000m²	空间、景观
	海边图书馆	直向建筑事务所	南戴河	450m²	剖面、空间
	华侨大学厦门学院图书馆	深圳华汇设计	厦门	39280m²	模块、庭院
学校	华南理工大学逸夫人文馆	何镜堂	广州	6400m²	庭院、通透
	四川美术学院新校区设计系馆	刘家琨	重庆	31433m²	聚落、工业
	清华大学第六教学楼	叶彪、姜魁元	北京	34045m²	流线、空间
	天津大学冯骥才文学艺术研究院	周恺	天津	6370m²	片墙、庭院
	上海音乐学院实验学校	原作设计工作室	上海	24998m²	院落、渗透
	黄浦区第一中心小学	原作设计工作室	上海	10456m²	严整、肌理
	北京第四中学房山校区	OPEN建筑事务所	北京	54414m²	开放、绿色
	天津西青区张家窝镇小学	直向建筑+中建国际	天津	18000m²	布局、自然

（续）

建筑类型	项目名称	设计者	地点	建筑面积	关键词
学校	德阳孝泉镇民族小学	TAO迹·建筑事务所	德阳	8800m²	微型城市
	山西兴县120师学校教学楼	WAU建筑事务所	兴县	36000m²	形体呼应
	天津大学第26教学楼	卜洪滨	天津	57000m²	对景、呼应
	嘉定桃李园实验学校	大舍建筑设计事务所	上海	35688m²	园、叠加

3.3.2 幼儿园设计要点

幼儿园设计除了要遵守国家有关规范和标准外，还要对园区总体布局。在生活用房、服务用房和供应用房等的设计中，充分考虑幼儿生理、心理发育的特点和过程。在快题设计中，幼儿园设计作为较为简单的考查类型经常出现，一定要注意相关规范。

1. 场地设计

幼儿园应根据设计任务书的要求对建筑物、室外游戏场地、绿化用地及杂物院等进行总体布置，做到功能分区合理，方便管理，朝向适宜，游戏场地日照充足，创造符合幼儿生理、心理特点的环境空间。出入口不应直接设置在城市干道一侧，其出入口应设置供车辆和人员停留的场地，且不应影响城市道路交通。

2. 功能设计

（1）我国现有的幼儿园设计模式为单组式活动单元，活动室、寝室等因有采光要求需放置南向或者东南向。

（2）活动室、寝室、多功能活动室的门均应向人员疏散方向开启且设净宽不小于1.2m的双扇平开门，开启的门扇不应妨碍走道疏散通行。

（3）同一个班的活动室与寝室应设置在同一楼层内。单侧采光的活动室进深不宜大于6.6m。

（4）活动室、寝室、乳儿室室内最小净高为3m，多功能活动室室内最小净高为3.9m。

（5）服务用房及交通最小走廊净宽见下表。

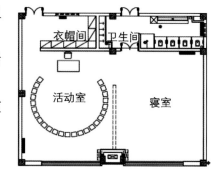

房间名称	走道最小净宽/m	
	走廊布置	
	中间走廊	单面走廊或外廊
生活用房	2.4	1.8
服务、供应用房	1.5	1.3

（6）晨检室宜设在建筑物的主出入口处。

（7）幼儿使用的楼梯不应采用扇形、螺旋形踏步。

（8）当托儿所、幼儿园建筑为二层及以上时，应设提升食梯。

3. 流线设计

既要做到平面布置流线流畅，又要互无干扰避免人流穿插。服务用房区域和生活用房区域应完全分开，出入口也需单独设置。

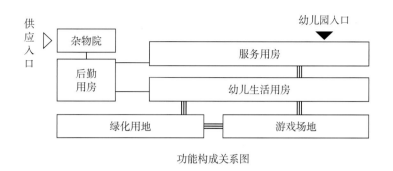

功能构成关系图

4. 形体设计

常见幼儿园形体有集中式、内院式、线性式、单元式。建筑空间及形体组合丰富多彩，造型新颖，创造符合"童心"特征的建筑形式和空间环境。

3.3.3 活动中心设计要点

活动中心设计经常作为快题考试的建筑类型出现。原因在于其对功能分区、基本规范、立面形体等方面要求比较严格，能较好地体现学生对功能布局、形体造型的把控能力。

1. 场地设计

与其他公共建筑设计类似，尤其需要注意的是功能分区要明确，群众活动区宜靠近主出入口或便于人流集散的部位。基地至少设有两个出入口。

2. 功能设计

（1）总平面应注意动静分区明确，互不干扰，并应按人流和疏散通道布局功能分区。

（2）需设置室外活动场地时，应设置在动态功能区一侧，并且场地规整、交通方便、朝向较好。

（3）当基地距学校、幼儿园、住宅等建筑较近时，室外活动场地及建筑内噪声较大的功能用房应远离此类建筑。

（4）儿童及老年人专用的房间朝向应布置在最佳朝向和出入安全、方便的地方，且儿童用房应临近室外活动场地。

（5）美术书法教室、计算机教室宜北向开窗；观演厅、展览厅、大游艺室等人员密集的房间应设在底层，并有直接对外的安全出口。文化教室设计可参见学校建筑设计要点部分的讲解。

（6）管理、辅助用房应设于对外联系方便、对内管理便捷的部位，并宜自成一区。

3. 流线设计

活动中心的流线可分为群众流线、服务流线、物品流线等。群众流线是主干线，要直接明确，不能与服务流线和物品流线交叉，服务流线和物品流线则需紧凑便捷。

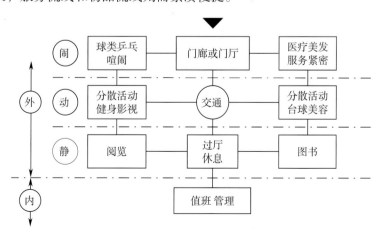

4.活动场地布局

各类运动场地的尺寸见下图。对于社区活动中心来说，羽毛球场无障碍高度需 6m 以上，篮球场和排球场无障碍高度不小于 7m。

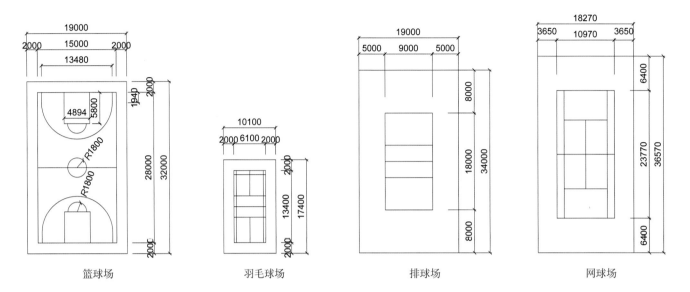

篮球场　　　　　　羽毛球场　　　　　　排球场　　　　　　网球场

5.形体设计

活动中心在快题设计中的形体组合方式可分为集中式和分散式。集中式的形体多在内部空间做文章，可通过内庭院、中庭空间、底层架空等方式化解空间单一的问题。分散式平面将不同功能空间以独立的建筑体块表达，并结合场地形成疏密有间、错落有致的平面形式。

3.3.4　图书馆设计要点

图书馆由于其独特的建筑空间在快题设计中备受关注。由于当代图书管理机制的改变以及电子阅览的使用，图书馆的空间不再局限于走廊串联房间的形式，而是更偏向于开敞空间、层次丰富、开合变化的空间形式。

1.场地设计

交通组织合理，尤其注意读者流线、图书流线与工作流线的区分，应分别设置读者出入口与书籍出入口。道路不只便于图书运输、装卸和消防疏散，还应该满足无障碍设计的要求。对于高校图书馆，如果学生宿舍区与教工宿舍区不在同一方向时，要以学生人流为主，适当考虑教职工的人流方向。

2.功能设计

图书馆有三类空间的功能要求，分别是注重采光、通风、安静的阅览区，方便管理使用、注重通风的藏书区和方便管理的行政区。功能分区明确、互不干扰、做到内外分区与动静分区。在快题设计中多以读者为中心，需要增加服务空间和休息交流空间，阅览形式开闭结合，提高效率。

（1）门厅。图书馆门厅是读者出入图书馆的必经之地，兼有验证、咨询、收发、寄存和值班等多种功能，且应与阅览室有方便的联系。一般将报告厅和陈列厅靠近门厅布置，使之出入方便和不影响阅览。

（2）阅览区。现代图书馆阅览区是一个开敞的空间，集阅、藏、借、管为一体，为读者提供多种选择。阅览区应容易到达，并且与基本书库有方便的联系。空间应有较大的灵活性，适应开架阅览和功能变化的需要。普通报刊阅览室宜临近门厅入口，便于闭馆时单独开放，专业阅览室应临近专业图书的辅助书库。儿童阅览区与成人阅览区分开，且置于底层，室内空间布局活泼，有单独的出入口和室外活动庭院。

阅览桌尺寸（0.9~1.2m）×（0.65~0.75m），书架中心距常为 1.25m、1.3m，甚至 1.5m，开间为书架排列中心距的 5~6 倍是比较合适的，即开间为 6~7.5m。

（3）藏书区与办公区。都应设置单独出入口，藏书区与阅览区既要分隔又要方便联系。

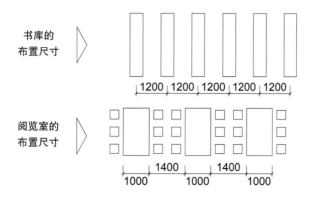

3. 流线组织

需要着重解决三条流线与空间的关系，分别是方便进馆看书、迅速便捷的读者流线，人书分开、避免干扰的图书流线和进出方便、不与读者流线交叉的工作流线。

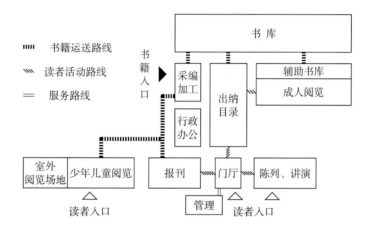

3.3.5 学校建筑设计要点

在快题设计中，曾经考查过学校教学楼、科研楼、建筑系馆等学校建筑，在这其中也会涉及校区规划的知识点。因此，无论是规划方面的知识还是建筑规范的知识，都需掌握。

1. 场地设计

学校主要教学用房设置窗户的外墙与铁路路轨的距离不应小于300m，与高速公路、地上轨道交通或城市主干道的距离不应小于80m。当距离不足时，应采取有效的隔声措施。

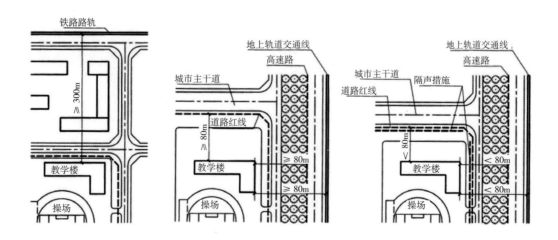

2．总平面设计

（1）各类小学的主要教学用房不应设置在四层以上，各类中学的主要教学用房不应设在五层以上。

（2）教学用房、教学辅助用房、行政管理用房、服务用房、运动场地、自然科学园地及生活区应分区明确、布局合理、联系方便、互不干扰。

（3）风雨操场应离开教学区、靠近室外运动场地布置。

（4）各类教室的外窗与相对的教学用房或室外运动场地边缘间的距离不应小于25m。

（5）音乐教室、琴房、舞蹈教室应设在不干扰其他教学用房的位置。

（6）中小学校的总平面设计应根据学校所在地的冬夏主导风向合理布置建筑物及构筑物，有效组织校园气流，实现低能耗通风换气。

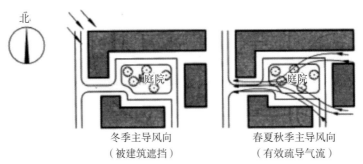

冬季主导风向
（被建筑遮挡）

春夏秋季主导风向
（有效疏导气流）

3．教室布置

（1）普通教室冬至日满窗日照不应少于2h。

（2）每间教学用房的疏散门均不应少于2个。

（3）教学用房的内廊净宽不应小于2.1m，外廊净宽不应小于1.8m。行政及教师办公用房不应小于1.5m。

（4）小学室内净高为3.1~3.4m，中学为3.4m，进深大于7.2m的专用教室不低于3.9m。

（5）楼梯间应有自然采光，楼梯形式不得采用旋转楼梯或扇形踏步。

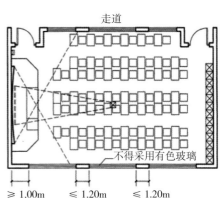

（6）教学用建筑每层的饮水处前应设置等候空间，等候空间不得挤占走道等疏散空间。

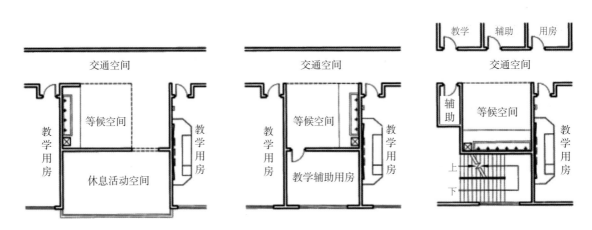

（7）消防疏散除首层及屋顶外，教学楼疏散楼梯在中间层的平台与梯段接口处宜设置缓冲空间。缓冲空间的宽度不宜小于楼梯宽度。

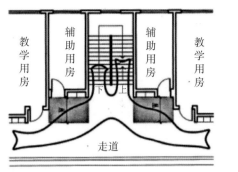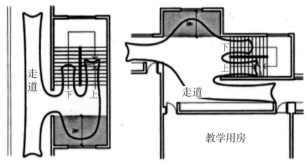

4. 形体设计

教学用房的平面构成可分为内廊式、外廊式、组团式。因此，也多对应平面生成不同的形体。可参考所给案例进行学习。

【本节参考文献】

[1] 住房和城乡建设部.JGJ39—2016.托儿所、幼儿园建筑设计规范 [S].北京：中国建筑工业出版社，2016.

[2] 住房和城乡建设部.JGJ/T41—2014.文化馆建筑设计规范 [S].北京：中国建筑工业出版社，2014.

[3] 住房和城乡建设部.JGJ108—2008.公共图书馆建设标准 [S].北京：中国计划出版社，2008.

[4] 住房和城乡建设部.GB50099—2011.中小学校设计规范 [S].北京：中国建筑工业出版社，2010.

[5] 建筑工程部北京工业建筑设计院.设计资料集 [M].北京：中国建筑工业出版社，1973.

3.4 办公类建筑设计原理

3.4.1 办公类建筑分类

办公类建筑包括具有办公功能的众多建筑类型，具体分类如下表。

办公类建筑分类	
一般办公建筑	供机关、团体和企事业单位办理行政事务和从事各类业务活动的建筑物
公寓式办公楼	有统一的物业管理，根据使用要求，可由一种或数种平面单元组成。单元内设有办公、会客空间和卧室、厨房和卫生间等房间的办公楼
酒店式办公楼	提供酒店式服务和管理的办公楼
综合楼	由两种及两种以上用途的楼层组成的公共建筑
商务写字楼	在统一的物业管理下，以商务为主，由一种或数种单元办公平面组成的租赁办公建筑
联合办公楼	为了降低办公室租赁成本而采用共享办公空间的办公模式，来自不同公司的个人在联合办公空间中共同工作，在特别设计和安排的办公空间中共享办公环境，彼此独立完成各自的项目

考研快题设计中出现的办公建筑一般都是中小型的，也有由废旧厂房改造成联合办公空间的类型。联合办公作为一种新型办公模式，逐渐成为考研快题设计中常常考查的一种建筑类型，这类办公建筑更加强调空间的共享性、交流性和灵活性。

下表为整理好的可参考案例。

项目名称	设计者	地点	建筑面积
普罗旺斯警察局	Ameller & Dubois Associés	法国普罗旺斯	1940m²
联合利华荷兰办公楼	JHK 建筑事务所	荷兰鹿特丹	14000m²
an-der-alster-1 办公楼	J. MAYER h. 事务所	德国汉堡	5436m²
爱彼迎（Airbnb）都柏林国际总部办公空间设计	爱彼迎（Airbnb）与赫尼根·彭建筑事务所	爱尔兰都柏林	4000m²
嘉定新城区燃气管理站	大舍建筑设计事务所	中国上海	2250m²
西山艺术工坊	崔愷	中国北京	24225m²
某研发办公楼与制造工厂	大舍建筑设计事务所	中国上海	36600m²
国家石油公司办公大楼	Office AT	泰国甘烹碧府	2000m²
磨碟沙创意办公楼方案设计	城外建筑设计事务所	中国广州	2850m²
哈钦森集团办公空间	ENCORE HEUREUX 建筑事务所	法国巴黎	4200m²
冰状体办公楼	FOJAB ARKITEKTER	瑞典 Hyllie	—
"海狸工坊"联合办公空间	张淼	中国北京	600m²
青浦新区私营协会办公与接待中心	大舍建筑设计事务所	中国上海	6745m²

3.4.2　办公类建筑设计的一般要求

（1）五层及五层以上的办公建筑应设置电梯，电梯数量应该满足使用要求，按办公建筑面积每5000m²至少一台进行设置。

（2）走道宽度应满足防火要求，见下表。

走道最小净宽		
走道长度 /m	走道净宽 /m	
	单面布置房间	双面布置房间
≤ 40	1.3	1.5
> 40	1.5	1.8

（3）办公建筑的开放式、半开放式办公室，其室内任何一点至最近的安全出口的直线距离不应超过30m。

（4）综合类办公楼的办公部分疏散出入口不应与同一楼内对外的商场、营业厅、娱乐、餐饮等人员密集场所的疏散出入口共用。

3.4.3　办公类建筑的设计要点

1. 功能设计

办公建筑一般由主要办公空间、公共接待空间、配套服务空间和附属设施空间等构成。功能设计的重点是需要根据企业的功能要求进行动静关系的划分、主次关系的划分。一般情况下，高管人员的办公室、财务室、档案室都属于比较重要的私密性空间，而对外联系较多的房间包括普通办公室、业务部办公室、市场部办公室等。

办公类建筑功能组成	
主要办公空间	小型办公空间：私密性和独立性较好，一般面积在 $40m^2$ 以内，适用于专业管理型办公需要
	中型办公空间：对外和对内的联系均较方便，一般面积在 $40\sim150m^2$ 之间，适用于组团型的办公方式
	大型办公空间：其内部空间既有一定的独立性又有较为密切的联系，各部分的分区相对灵活自由。适用于各个组团共同作业的办公方式
公共接待空间	主要指用于办公楼内进行聚会、展示、接待、会议等活动需求的空间 一般有小、中、大接待室，小、中、大会客室，大、中、小会议室，各类大小不同的展示厅、资料阅览室、多功能厅和报告厅等
交通联系空间	主要指用于楼内交通联系的空间。一般有水平交通联系空间及垂直交通联系空间两种 （1）水平交通联系空间主要指门厅、大堂、走廊、电梯厅等空间 （2）垂直交通联系空间主要指电梯、楼梯、自动扶梯等
配套服务空间	主要为主要办公空间提供信息、资料的收集、整理存放需求的空间以及为员工提供生活、卫生服务和后勤管理的空间 通常有资料室、档案室、文印室、计算机房、晒图房、员工餐厅、开水间以及卫生间和后勤、管理办公室等
附属设施空间	主要指保证办公大楼正常运行的附属空间 通常为变配电室、中央控制室、水泵房、空调机房、电梯机房、电话交换机房、锅炉房等

空间组合的一般原则。

（1）方便对外联络。需接受大量来访者的空间应临近主入口。

（2）方便内部联系。有密切工作关系的办公空间应布置在相近的位置。

（3）避免相互干扰。对容易产生噪声干扰的办公空间应集中布置，注意"闹"与"静"的分区和间隔。

（4）集中用途的房间应居中。为整个办公空间服务的部分及设施在布置时，应位于中心位置，便于办公人员的使用。

（5）注意"内"与"外"有别。在办公空间中某些机要部门应同一般办公空间隔离出来。

2. 交通核设计

对于多层和高层办公建筑来说，设计好标准层较为重要，而交通核在标准层上所处的位置对空间组合具有较为重要的影响。

交通核对空间组合的影响		
交通核类型	优缺点	图示
中央型	交通组织联系极为便捷，主要办公空间均能享受到自然光线，空间组合及办公空间布置灵活，便于各种需求的分隔。但存在交通面积过大，办公空间进深受到限制的缺点	
偏心型	主要办公空间亦能获得天然光线，适合不同进深需求的办公空间，利于多组团工作及敞开大空间和秘密性强的小空间使用的组合需求，满足不同客户的使用要求。灵活性也较强。但也存在着局部交通联系路线过长的问题	
分设型	解决了中央型的交通面积占用过多和偏心型交通联系不便的问题，其空间组合也具有较大的灵活性	
外围型	交通核位于标准层平面的一侧、两侧或阴角部，其便于不同客户的分布，并提供了较大的办公室进深，其空间组合达到了最大的灵活性。但可能存在贴近核心的办公区得不到天然采光的缺点	

3. 房间布置

（1）小单间办公室的布置。该类办公室面积一般较小，配置设施较少，空间相对封闭，办公环境安静干扰少，但同其他办公组团联系不便。其典型形式是由走道将大小近似的中小空间结合起来。通常有传统的间隔式小单间办公室和根据需要把大空间重新分隔为若干小单间办公室的类型。

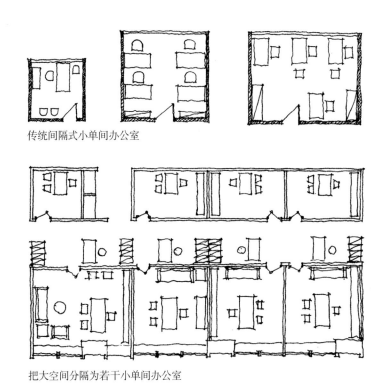

传统间隔式小单间办公室

把大空间分隔为若干小单间办公室

（2）中、大型开敞式办公室的布置。该类办公室面积较大，空间大且无封闭分隔。各员工的办公位置根据工作流程组合在一起。各工作单元及办公组团内联系密切，利于统一管理，办公设施及设备较为完善，工作效率高，交通面积较少，但同时又存在相互干扰的问题，需要合理布置分隔空间的装置或家具。其布局形式按几何形式整齐排列。

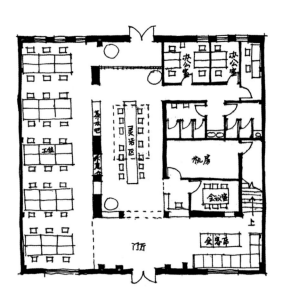

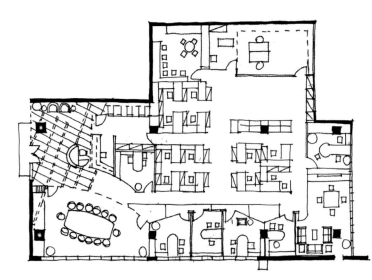

3.5 旅宿类建筑设计原理

3.5.1 旅宿类建筑分类

旅宿类建筑是公共建筑中偏向居住建筑的一种，主要考查的是各个建筑类型中对于规范的了解程度，以及如何满足人短期居住的需要。

旅宿类建筑主要有酒店、青年旅社、精品民宿、老年人公寓，不同的建筑类型具有不同的注意要点，列举如下。

（1）青年旅社。青年旅社的公共空间与客房区域的比例接近1∶1，卫生间主要为公共卫生间，需设置公共淋浴间。

（2）老年人公寓。①总平面设计：老年人建筑基地应阳光充足，通风良好，视野开阔，与庭院结合绿化、造园，宜组合成若干个户外活动中心，备设座椅和活动设施。②平面设计：入户缓坡台阶踏步踢面高不宜大于120mm，踏面宽不宜小于380mm，坡道坡度不宜大于1/12。台阶与坡道两侧应设栏杆扶手。

下表为整理好的可参考案例。

建筑类型	项目名称	设计者	地点	建筑面积	关键词
酒店	Downtown LA Hotel	XTEN Architecture	—	65000m²	单元变化
	北京三里屯榆舍酒店	隈研吾	北京	—	现代、简洁
	台湾交通大学招待所	姚仁喜	台湾	3100m²	静谧、木盒子
	北京前门的皇家驿栈酒店	李玲	北京	7500m²	改造、水
青年旅社	爷爷家的青年旅社	何崴	浙江	270m²	盒子、改造
	艺象设计酒店 青年旅社	源计划建筑事务所	深圳	1800m²	双廊式
民宿	牛背山志愿者之家	deep architecture	四川	2500m²	改造、老房子
	长城脚下的公社——飞机场	简学义	北京	600m²	光线
老年人公寓	马桑斯老年公寓	彼得·卒姆托	瑞士格劳宾登州	—	单元内变化

3.5.2 旅宿类建筑设计原则

1. 基本功能

公共区、客房区、办公区、辅助区。

2. 设计要点

（1）总平面设计。主要出入口供住宿的旅客使用，位置必须明显，可以结合景观引导旅客直接到达门厅，不要做无用的迂回曲折；职工入口结合职工工作区域，位置宜隐蔽。

（2）入口与门厅。应设门廊或雨篷，门厅内一般包括前台、公共交通、休息、商店和辅助设施。中小型旅馆的住宿、与会和商店购物人员入口可以共用，当门厅组织各种人员流线时，要避免流线之间的干扰和交叉。

（3）会议室。不应设在客房层。

（4）客房。

1）注意客房布置在静区，分清景观和朝向的轻重。

2）注意端头客房的疏散距离。

3）客房区应该有服务间，客房中的卫生间两个一组开，不要开在梁下端，否则无法走管线。若客房有阳台，要注意分隔，不要串户。

4）客房应有尽量好的朝向和采光。客房的基本尺寸与布局方式如下图。

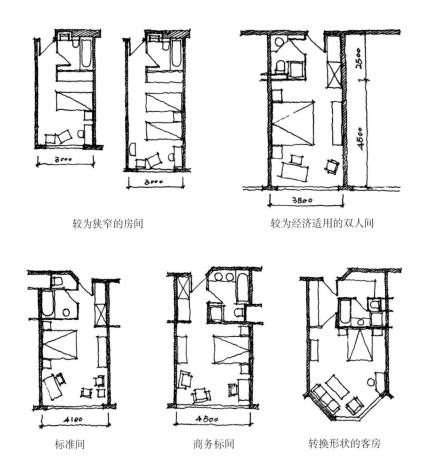

较为狭窄的房间　　　　　较为经济适用的双人间

标准间　　　　　商务标间　　　　　转换形状的客房

（5）泳池。

1）标准泳池。作竞赛用的设有观众席，做练习用的则不设观众席。一般泳池的平面尺寸为21m×50m，水深1.8m。比赛泳道每道2.5m宽，边道另加0.5m。

2）普通游泳池。平面形状尺寸不限、水深不限，一般水深1.6m左右。

3）戏水池（儿童池、水滑梯）。平面形状尺寸不限，水深1m左右。

4）标准跳水池。分带观众席和不带观众席的两种。平面尺寸21.5m×15m，水深3.5~5m，有跳水高台和跳板。

5）综合池。为了达到一池多用的目的，把池的面积增大，池的深浅有变化，设深水区和浅水区，满足不同游泳者的要求。

6）消毒洗脚池。长度不小于2m，深度不小于0.2m，宽度与泳道一致。

3.5.3　旅宿类建筑的分类设计方法

1. 单元式布局

当客房成为单元，就存在多种排列组合的方式，就像一个个集装箱一样，不同的排列方式会产生不同的空间效果。在设计时可以考虑用不同的排布方式，产生丰富的空间形式。

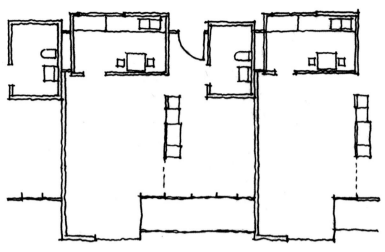

Downtown LA Hotel，马桑斯老年公寓

2. 整体中单元自由布局

旅宿类建筑中客房单元的排布形式不仅仅是有秩序的，还可以是散落的布局，从中会产生具有很强流动性的交流空间，带给住宿的人很好的交流体验。散落布局的优势在于平面灵活性较高，公共空间体验丰富。

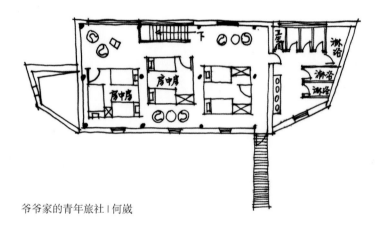

爷爷家的青年旅社 | 何崴

3. 单廊式、双廊式布局

旅宿类建筑中客房单元的排布形式大多数还是比较单一的单廊式和双廊式，这种利用方式最为节省面积，是较为经济的形式，这样的形式也会更多出现在改造项目中，所以立面设计就成为这样的排布形式中比较重要的部分。

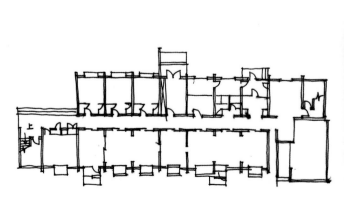

深圳艺象 iDTown 设计酒店 | 源计划建筑师事务所

3.6 医疗养老类建筑设计原理

3.6.1 医疗养老类建筑分类

医疗养老类建筑主要涉及类型包括医院、诊所、疗养院、养老院和老年日间照料中心等。而医院等医疗设施建筑类型因其功能复杂、空间单一等原因往往很难在短时间内考查考生的综合设计能力，故在本类型中着重介绍养老设施建筑设计。该类建筑为被服务人群提供居住、生活照料、医疗保健、文化娱乐等方面专项或综合服务。功能较简单，主要注意事项分别为满足日照充足、通风良好、交通组织方便、远离污染源、噪声源等。

下表为整理好的可参考案例。

项目名称	设计者	地点	建筑面积	关键词
法国诺曼底山林间的 Orbec 养老院	Dominique coulon & Associes	法国诺曼底	5833m²	色彩、分析图
吉安市禾埠敬老院	合计元创	中国吉安	4922m²	新建、改造
Clichy–Batignolles 巴黎生态区疗养院	Atelier du pont	法国巴黎	6117m²	立面、露台
The Hodos Centre for the Elderly	Ravnikar Potokar Arhitekturni	斯洛文尼亚	2473m²	立面、形体
瑞士伯韦敬老院	Geninasca Delefortrie	瑞士伯韦	6164m²	入口、开窗
上海西郊协和颐养院	同济大学建筑设计院	中国上海	32000m²	形体、庭院
Bad Schallerbach 疗养中心	Architects Collective	奥地利	10200m²	立面、形体

3.6.2 医疗养老类建筑总平面图设计原则

医疗养老类建筑总平面应根据不同类别进行合理布局，功能分区、动静分区应明确，交通组织应便捷流畅。

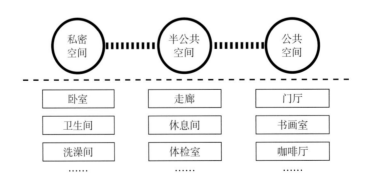

具体要求如下：

（1）主要出入口不宜开向城市主干道且宜进行人车分流。货物、垃圾等运输宜设置单独的通道和出入口。

（2）老年人居住用房和主要公共活动用房应布置在日照充足、通风良好的地段。由于建筑规范中对老人居室的日照条件又有明确要求，通常需要将老人居室尽量布置在建筑的南向，因此会形成以廊式建筑为主的总平面形式。

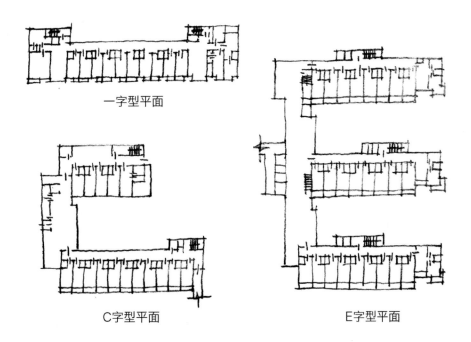

一字型平面

C字型平面　　　　　　　　　　　　　E字型平面

（3）当需要设计室外活动场地时，应满足。

1）活动场地位置宜在向阳、避风处。

2）活动场地应用铺地表达地面平整，最好在图面中表达出健身运动器材区和休息座椅。

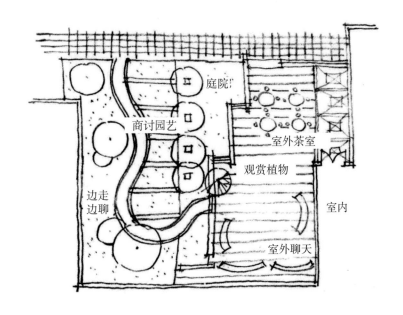

3.6.3　医疗养老类建筑设计要点

1. 用房设计

（1）生活用房。

1）老年人居室不应设置在地下、半地下，不应与电梯井道、有噪声振动的设备机房等贴邻布置。

2）居住用房的净高不宜低于 2.6m，当利用坡屋顶空间作为居住用房时，最低处距地面净高不应低于 2.6m。

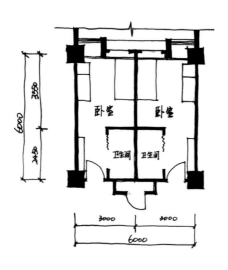
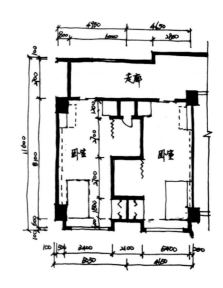

3）疗养院和养老院的老年人居住用房宜设置阳台。可以考虑设计连通的阳台，便于老年人互相交流。

（2）餐厨用房。厨房应具备天然采光和自然通风条件，设置在相对独立的区域，便于餐车的出入并减少对生活用房的干扰。公用餐厅与生活用房距离不宜过长，便于老年人就近用餐。

（3）医疗保健用房与公共活动用房。

1）医疗保健用房位置应方便就医与急救。

2）公共活动用房应有良好的天然采光与自然通风条件，东西向开窗时采取有效的遮阳设施。

3）活动室的位置应避免对老年人卧室产生干扰，平面及空间形式应符合老年人活动需求。

4）多功能厅宜设置在建筑首层，并应临近设置公用卫生间及储藏间。

（4）管理服务用房。登记室、总值班室宜设置在建筑主要出入口附近。

2. 交通流线

（1）二层及以上楼层设有老年人的生活用房、医疗保健用房、公共活动用房等养老设施的，应设无障碍电梯，且至少一台为医用电梯。

（2）楼梯间应便于老年人通行，主楼梯梯段净宽不应小于1.5m，其他楼梯通行净宽不应小于1.2m。

（3）走廊净宽不应小于1.8m。端部走廊可以放大，形成休憩空间。

（4）养老设施建筑供老年人使用的出入口不应小于两个，不应选用旋转门。

【本节参考文献】

[1] 住房与城乡建设部 .GB50867—2013. 养老设施建筑设计规范 [S]. 北京：中国建筑工业出版社，2014.

[2] 周燕珉 . 日本集合住宅及老人居住设施设计新动向 [J]. 世界建筑，2002（8）：22-25.

[3] 屈逢阳 . 日本养老居住建筑内部空间形态的研究——以关怀之家及付费型养老院为例 [D]. 西安：西安建筑科技大学，2014.

3.7 改造类建筑设计原理

3.7.1 改造类建筑分类

改造类设计题目考查的是设计者的综合能力，应对这类题目，我们不仅要掌握基本建筑类型的设计方法，而且要把握所要改造建筑的基本特点。

改造类建筑设计根据设计要求的不同可分为三大类：空间改造、加建、改造与加建结合。而改造前建筑的功能多为工业厂房、有历史保护价值的老建筑、集装箱类临时建筑等。改造的目标多数为办公、文化娱乐、公寓、酒店、建筑系馆等。

下表为整理好的可参考案例。

项目名称	设计者	地点	建筑面积	原始功能	改造后功能	关键词
同济大学建筑设计院办公新址改造设计	曾群等	上海	64522m²	停车楼	办公	场景保留，功能置换
今日美术馆新馆	王晖	北京	4894m²	啤酒厂锅炉房	美术馆	立面空间改造
上海8号桥创意产业园改造	日本HMA建筑设计	上海	8400m²	上海汽车制动器厂	创意工作室兼咖啡、西餐、日料、美容、画廊、家居店等休闲场所	加建
康奈尔大学建筑学院米尔斯坦因馆	OMA建筑事务所	纽约	4366m²	建筑艺术与规划学院	工作室、展廊、报告厅	历史保护，加建
开心麻花办公总部	罗劲、张晓亮	北京	2500m²	北京新华印刷厂	办公+演出	空间改造，加建
唐山城市展览馆及公园	都市实践	唐山	5900m²	面粉厂	城市公园+展览空间	空间改造，加建
创盟国际军工路办公室厂房改造	袁烽	上海	—	废弃的工业老厂房	建筑设计工作室	表皮，空间改造
南京夫子庙改造	DC国际建筑设计事务所	南京	42000m²	商业	商业	立面统一
伊比利亚当代艺术中心	梁井宇	北京	4000m²	厂房	展览空间，中心还包括办公室、图书馆、礼堂、咖啡厅、艺术品商店等	表皮，空间改造
宁波美术馆	王澍	宁波	23100m²	宁波港废弃航运楼	美术馆	保护性改造
内蒙古工业大学建筑馆	张鹏举	呼和浩特	5900m²	校办铸造车间	建筑系馆	空间改造
Sant Francesc 修道院	David Close	西班牙Santpedor	950m²	修道院	教堂	修缮，改造
TAO迹·事务所原办公空间厂房改造	TAO迹·建筑事务所	北京	430m²	厂房	建筑工作室	空间改造
Studio-X哥伦比亚大学北京建筑中心	OPEN建筑事务所	北京	388m²	废弃车间	工作室	空间改造
竞园22号楼改造	C+ rchitects建筑设计事务所	北京	600m²	旧棉麻仓库	联合办公空间	空间改造
文化创意产业集成孵化中心	卝智建筑设计事务所	北京	2500m²	新式联栋厂房	孵化中心	空间改造

3.7.2 改造类建筑设计原则

旧建筑改造方法有很多，比如采用空间改造的方法、结构改造的方法、表皮改造的方法等，但是无论选择哪种改造方法，都需要考虑旧建筑的风格。改造之后的旧建筑，不仅要有原始的个性，同时需要具备现代的气息，既要合理安排功能，做到实用性，又要最大化利用和保留原有的建筑结构柱网，做到经济性，最终实现新旧部分的和谐共生。具体要求如下。

1. 功能要求

合理地将功能填入已有的空间内，满足主要功能用房的日照采光、消防疏散。

2. 结构要求

最大化保留和利用现有结构，尤其是保留下来具有原始印记的建筑结构。对于快题设计来说，应该严格按照任务书要求进行设计。做到两点，第一，原有建筑的结构柱网一般不能变动，要充分利用原有建筑柱网的开间和进深特点，对于现代的框架建筑来说，不起承重作用的梁是可以拆除的；第二，控制新建建筑与原有建筑之间的距离，新老建筑间柱子的距离尽量做到2m以上，且新建建筑的梁多搭接在原有建筑的梁柱之上。

3. 美学要求

旧建筑改造过程中，常常借助新旧材料和形式的对比，为老建筑带来新的气息，但也要最大限度的保护老建筑的沧桑感以引起人们对老建筑历史文化的深入思考。一个成功的改造类快题设计最终达到的改造效果应该是具有整体性、层次感、动态感及文化感的。

3.7.3 改造类建筑设计的方法

1. 空间改造

在旧建筑原有空间结构的基础上，加入新的功能元素，这种设计方法既不破坏原有建筑结构，对老建筑保护有重要意义，同时又能通过增加新的功能满足现在的需求，旧貌换新颜后的旧建筑兼具了文化气息和现代感。

空间改造的具体方法和模式有很多，但不外乎是大空间的打碎和小空间的重组，实际建筑创作中更是表现为多种方法的综合运用，以及空间的多功能使用。具体操作手法见下表。

旧建筑内部空间改造模式		
模式	类型	案例参考
空间拆分	垂直拆分	TAO迹·事务所原办公空间厂房改造
	水平拆分	泰特现代美术馆、中国美术学院国际画廊
	综合运用	唐山城市展览馆、内蒙古工业大学建筑馆
空间重组	垂直重组	同济大学建筑设计院办公新址改造设计
	水平重组	集装箱改造
	综合运用	开心麻花办公总部
空间植入		今日美术馆、创盟国际军工路办公室厂房改造、康奈尔大学建筑学院米尔斯坦因馆

对于内部空间相对高大的建筑来说，可以采用内部分层的手法将高大空间进行划分，这种改造方法注重原建筑结构与新增建筑构件之间的相互对比和协调，下面以TAO迹·建筑事务所厂房改造设计为例进行说明。设计保留了7.8m高的原空间作为事务所的主要工作区域，在4m高的部分插入一个长24m的夹层，夹层作为一个新的体量从入口介入到工作区，上层为工作区，下层为会客室、会议室和展览储藏空间。不同空间在高度上形成的差异使得建筑产生了强烈的张力。入口立面采用无框透明玻璃使得延伸至立面的白色体量清晰可见，会客室作为一个独立元素从立面上悬挑出来，成为一个展示性的橱窗。新建部分采用了钢板、磨砂玻璃、白墙、白色橡胶地面等材料，以强调空间内体量的纯粹性，这使得在新元素的抽象感和原建筑的结构感之间创造了一种强烈的对比。

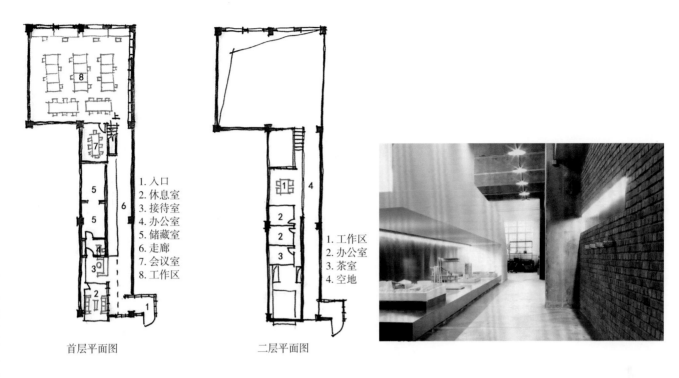

首层平面图

1. 入口
2. 休息室
3. 接待室
4. 办公室
5. 储藏室
6. 走廊
7. 会议室
8. 工作区

二层平面图

1. 工作区
2. 办公室
3. 茶室
4. 空地

　　针对一部分旧建筑空间单一尺度较小等弱点，可以将其内部部分隔墙和楼板进行拆除，重新组成尺度适宜的空间，从而满足使用面积和采光等要求，若建筑为框架结构，还可以将非承重墙全部拆除，从而使空间连为一体。以同济大学建筑设计院办公新址改造设计为例进一步说明，该建筑原为停车楼，为了重塑历史场景，保留了建筑北侧通至顶层的坡道，通过重塑历史场景的操作策略，在老建筑三层屋顶保留其部分停车的功能，使其在功能上延续了老建筑的记忆。设计策略上拆除了局部的楼板，形成围合的内院，将内院设计成水景绿化、退台绿化、屋顶绿化及园区绿化，组织了多层景观环境，同时弥补了原有建筑进深大、无采光井的缺陷，将自然光引入到了建筑立面。

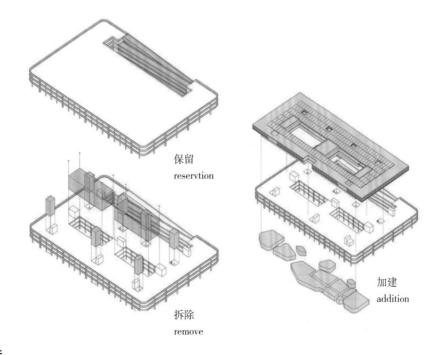

保留
reservtion

拆除
remove

加建
addition

2. 表皮改造

表皮改造包含立面改造和屋顶改造两种。

旧建筑内部表皮改造模式

模式	类型	案例参考
立面改造	修旧如旧法	成都宽窄巷
	修旧如新法	南京夫子庙改造、宁波美术馆
屋顶改造	去除表皮	创盟国际军工路办公室厂房改造
	增加屋顶	开心麻花办公总部、康奈尔大学建筑学院米尔斯坦因馆
	屋顶更新	唐山城市规划展览馆

在进行立面改造时，应符合总体改造风格的要求，保存原有建筑立面肌理，但是还应该突出时代性。立面改造的具体操作手法有两类，一类是修旧如旧，即根据建筑原有形式来复原或修补；另一类是修旧如新，即在保留建筑结构悠久历史文化的同时，采用现代的技术和新型的工艺材料，对其进行现代的转译。

在进行屋面改造的时候，可以采取灵活的设计，既可以在不破坏承重结构骨架的基础上，将屋顶全部或部分掀掉，给老建筑增加庭院和室外空间；也可以在两栋老建筑之间通过架设屋顶的方法，增加使用空间，同时利用原本的旧建筑外墙作为新建部分的内墙；还可以将整个旧建筑的屋顶去掉后，借助现代的材料架设满足现在要求的新屋顶。

【本节参考文献】

王展.旧建筑改造在建筑设计中的地位和影响[J].房地产导刊，2015（2）：130.

3.8　中小型体育馆建筑设计原理

3.8.1　中小型体育馆建筑分类

在快题考试中，为了考核大家对于体育活动空间的组织和多流线设计的能力，时常出现中小型体育馆建筑。中小型体育馆与大型的体育馆和体育场相比，具有占地面积小、投资低、更加亲近人群、综合服务功能强等特点。这类建筑一般建在大中城市的区级、中小城市的市级及企事业单位、中学大学、大型社区及经济发达的乡镇中。

体育馆根据功能可以分为两大类型：体育型和多功能型。考研快题设计中常见的体育馆一般为多功能型的建筑，即以体育训练或比赛为主，兼具有文艺、集会、展览、餐饮、交流等，体育活动也不以单一项目为主，而是以较多相近项目和提供较多训练场地为目标的优化组合。

下表为一些快题设计案例积累过程中可参考的案例。

项目名称	设计者	地点	建筑面积	包含功能
Antony 多功能体育馆	Archi5 设计公司	法国	3989m²	多功能体育综合体（用于武术、舞蹈、击剑、乒乓球、7 人制足球和普通健身房）
首都师范大学体育馆建筑设计	中国航空工业规划设计研究院	中国北京	7960m²	篮球、排球、网球、羽毛球等比赛大厅和体育教学用房
龙岩学院体育馆	中国建筑设计研究院	中国龙岩	9193m²	创意工作室兼咖啡、西餐、日料、美容、画廊、家居店等休闲场所
科普里夫尼察市综合体育馆	STUDIO UP	克罗地亚	11600m²	体育馆和学校的综合体
Noor-e-Mobin 体育馆	FEA STUDIO	伊朗	1400m²	综合教育机构体育馆
GO-FIT 圣卡耶塔诺体育中心	ABM arquitectos	西班牙	6985m²	室内泳池、餐厅、健身房、多功能体操房

3.8.2　中小型体育馆建筑设计要点

本节着重讲解中小型体育建筑的空间组织、流线设计、坐席和活动场地布置等设计要点，关于各类运动场地的尺寸可参见教育类建筑案例部分的讲解，本节不再赘述。

1. 场地设计

场地设计需要流线清晰，人流和车流要拥有较为便捷的集散流线，场地总出入口布置应该不少于两个，位置要明显且在不同方向与周边主要道路接驳。

体育馆场地应该考虑单独的停车用地，观众、运动员、贵宾停车区应该分开设计，观众疏散通道和集散场地可以按照每名观众 $0.2m^2$ 计算。体育馆场地内需设置环形消防车道。

体育馆长轴方向根据日照、风向、结构形式等因素确定，但一般采用东西向长轴布置，南北向开设采光窗。

2. 功能设计

体育类建筑的空间基本可以分为两大部分，即包括观众座席在内的赛场空间和其他辅助房间。在兼具赛场空间布局合理的前提下，尽量扩大辅助功能用房空间的共享性和经济性，以有利于吸引使用者前来开展健身、娱乐等活动，满足场馆的经营需要。

下图为体育馆中的功能组成和流线组成。

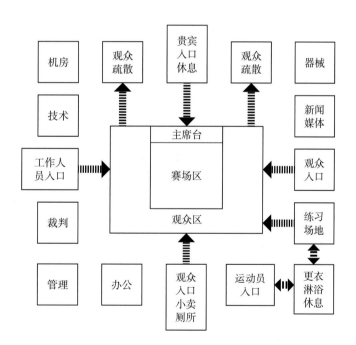

3. 流线组织

为了保证安全的疏散和管理的方便，应将不同人员的出入口进行单独设置，避免交叉干扰。一般将贵宾、工作人员、运动员的用房称为内场，观众用房称为外场，内外场之间可以上下分隔设置，即底层为内场，二层以上为外场，当然，当体育馆规模较小时，也常采用内外场同层设置。

（1）观众流线。观众是体育馆的主要人流，应该优先考虑观众人流，使其行走路线直接而便捷，观众一般经检票后直接到达观众休息厅然后进入赛场观众席（如下图 a）。

（2）运动员流线。经运动员入口进入休息室、更衣室、练习场地，随后进入检录区，然后进入赛场（如下图 b）。

（3）贵宾流线。经单独的入口进入休息厅，然后再进入主席台座席（如下图 c）。

（4）办公流线。工作后勤人员出入口应单独设置，且与管理用房、机房、器材库、灯光控制室等联系便捷，在一般中小型体育馆设计中，也可与运动员入口合并设置（如下图d）。

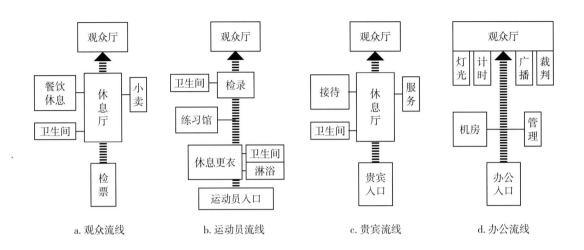

a.观众流线　　　　　　b.运动员流线　　　　　　c.贵宾流线　　　　　　d.办公流线

4. 赛场布局

（1）根据《体育建筑设计规范》（JGJ31—2003）要求，根据场馆规模大小有最小的赛场尺寸要求。

分类	要求	最小尺寸（长×宽，m×m）
特大型	可设置周长200m田径跑道或室内足球、棒球等比赛	根据要求确定
大型	可进行冰球比赛或搭设体操台	70×40
中型	可进行手球比赛	44×24
小型	可进行篮球比赛	38×20

　　注：1. 当比赛场地较大时，已设置活动看台或临时看台来调整其不同使用要求，在计算安全疏散时应将这部分人员包括在内。
　　　　2. 为适应群众性体育活动，场地尺寸可在此基础上相应调整。

（2）综合体育馆比赛场地上空净高不应小于15m，专项用体育馆内场地上空净高应符合该专项的使用要求。

（3）应充分利用观众看台顶部的空间作为辅助面积，并在条件允许时采用天然采光和自然通风。

（4）观众席看台可布置于赛场长轴两侧或者四周，看台俯视角宜控制在28°～30°范围内，视线升高差（C值）应保证后排观众的视线不被前排观众遮挡，每排C值不应小于0.06m，在技术、经济合理的情况下，视点位置及C值等可采用较高的标准，每排C值宜选用0.12m。

5. 形体设计

　　建筑的造型应是内部空间的真实反映，考研快题设计应该避免一味追求形式的新奇，而忽视了与内部空间的呼应，因此，在设计的过程中，应该将内部空间与外在形体一并考虑。赛场空间作为主要空间，应该在形体上体现其主导的地位，其他辅助房间则应该处于次要的地位。根据赛场空间与辅助用房的关系，可以将形体构成分为三种类型。

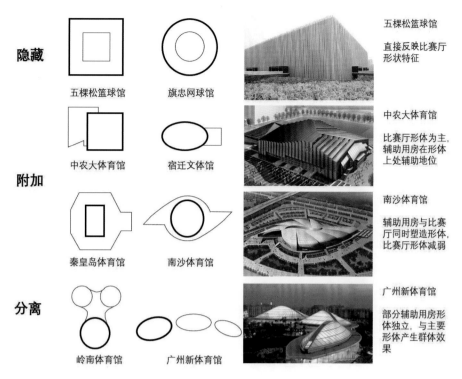

五棵松篮球馆

直接反映比赛厅形状特征

中农大体育馆

比赛厅形体为主，辅助用房在形体上处辅助地位

南沙体育馆

辅助用房与比赛厅同时塑造形体，比赛厅形体减弱

广州新体育馆

部分辅助用房形体独立，与主要形体产生群体效果

注：粗实线代表比赛厅外轮廓，细实线代表通常辅助用房外轮廓。

【本节参考文献】

王一鸣，蔡军.体育馆建筑造型设计中的形体构成研究 [J]. 华中建筑，2009，27（12）：37-40.

3.9 交通类建筑设计原理

3.9.1 交通类建筑分类

　　交通类建筑是大型公共建筑的一种，由于候车厅需要大量的自然光，建筑主要考查的是对于建筑外立面以及造型的把握程度。交通类建筑主要有汽车站、火车站、飞机场等，但在快题设计中出现交通类建筑的概率较低，因此下面中列举较为小型的汽车站及火车站的设计方法。

　　下表为整理好的可参考案例。

建筑类型	项目名称	设计者	地点	建筑面积	关键词
汽车站	奥西耶克公共汽车站	Predrag Rechner	克罗地亚	11066m²	现代、开放
	RATP 公共汽车站	Emmanuel Combarel	法国	2450m²	工业化
火车站	新鹿特丹中央火车站	Team CS	荷兰鹿特丹	46000m²	宽敞、有序
	杭州东站	中南建筑研究院	中国浙江	321020m²	现代、宽敞
	乌德勒支中央车站	Jan Benthem	荷兰	123511m²	车站综合体
	伯明翰新街车站	AZPML 建筑事务所	英国	91500m²	明亮优雅

3.9.2 汽车站建筑设计原则

1. 基本功能

停车场、站台、候车厅、售票室、小件寄存、站务、调度、司机休息。

135

2. 设计要点

（1）总平面设计。

1）分区明确，使用方便，流线简捷，避免旅客车辆及行包流线的交叉。站前广场必须明确划分车流、客流路线，停车区域，活动区域及服务区域，见下图。

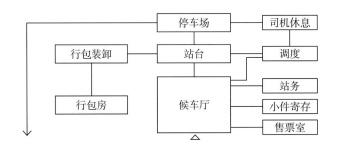

2）一、二级站汽车进出站口必须分别设置，三、四级站宜分别设置。汽车进出站口的宽度不宜小于4m。

3）汽车进出站要设置引道，并应满足驾驶员的视线要求。

（2）候车厅设计。候车厅应充分利用天然采光，窗地比不应小于1/7，净高不宜低于36m，候车厅安全出口不应少于两个，二楼设置候车厅时疏散楼梯亦不应少于两个。

3.9.3　火车站建筑设计原则

1. 基本功能

售票处、行包房、候车室、旅客服务用房、管理用房、办公用房。

2. 设计要点

（1）总平面设计。合理组织流线，综合考虑站房、线路和城市广场三者的关系，力求流线分明、简捷、流畅，布局紧凑。

（2）流线组织。

1）基本流线。旅客流线、行包流线、车辆流线。

2）组织原则。进站和出站分开，旅客流线与车辆流线分开，旅客流线和行包流线分开，职工出入口和旅客出入口分开，见下图。

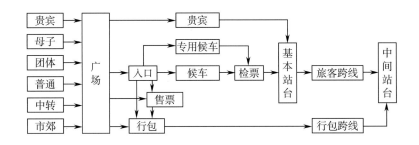

（3）平面设计要点。售票室前应有足够的列队长度，售票室不应向旅客用室直接开门。

【本节参考文献】

《建筑设计资料》编委会．建筑设计资料 [M]．北京：中国建筑工业出版社，1994．

第 4 章　优秀建筑快题设计示范与赏析

4.1 观览类建筑

题目 1：古典园林中的小型画院设计

一、项目概况

该项目位于南方某古典园林中（见下图）。拟利用该园林西南角的原有苗圃建一小型画院，供艺术家进行沙龙聚会及学术交流使用，并对参观园林的书画爱好者开放。

项目基地地块略呈长方形（其东北向缺角），南北进深 56m，东西宽 20~31.3m，总用地面积 1584m²，见地形图。项目基地平坦宽整，地块内现有一棵需要保留的古树。地形图中各部分尺寸均已标出。

拟建画院将成为该古典园林的景点

该古典园林的建筑与环境

之一，故要求与原有的园路连接打通，但红线范围内的已有园路不得改动。建设范围如地形图中红线所示，不作退线要求。

二、设计内容及面积指标

该画院由展厅、画廊、多功能厅、工作室和管理办公等内容组成。总建筑面积 1000m²，误差不得超过 ±5%。具体的功能组成和面积分配如下（以下面积数均为建筑面积）：

（1）展厅：150m²×1，用于定期展出艺术家的书画作品。

（2）画廊：100m²×1，供艺术品展卖。

（3）多功能厅：150m²×1，供艺术家进行聚会交流，并承担小型学术报告厅的功用。

（4）工作室：40m²×3，供几位专职艺术家工作研究使用。

（5）茶室：50m²×1。

（6）管理办公：15m²×2。

（7）特色空间：100m²×1，考生可根据设计构思的需要，提出符合建筑性质的特色空间，面积不超过 100m²。

其他如门厅、楼梯、走廊、卫生间等各部分的面积分配及位置安排由考生按方案的构思进行处理。

三、设计要求

（1）方案应功能分区合理，交通流线清晰，并且符合国家有关设计规范和标准。

（2）本项目作为园林的组成部分，汽车停放在园林外，故基地范围内不再考虑汽车停放问题。

（3）总体布局中应适当控制建筑密度，使建筑具有良好的室外环境。

（4）注意建筑入口与原有园林道路的衔接关系，且基地中所标示的已有园路不得进行变动。

（5）苗圃东面的围墙（含东北角）可以拆除，要注意与周围建筑和环境的呼应关系，在建筑风格上不必拘泥于传统建筑形式，但应考虑建筑体量对园林视线的影响。

（6）项目基地内现有的古树需要保留，古树位置已在地形图中标出，树冠按直径 9m 计算，树冠范围内不得有建筑物。

（7）建筑层数 1~2 层，结构形式不限。

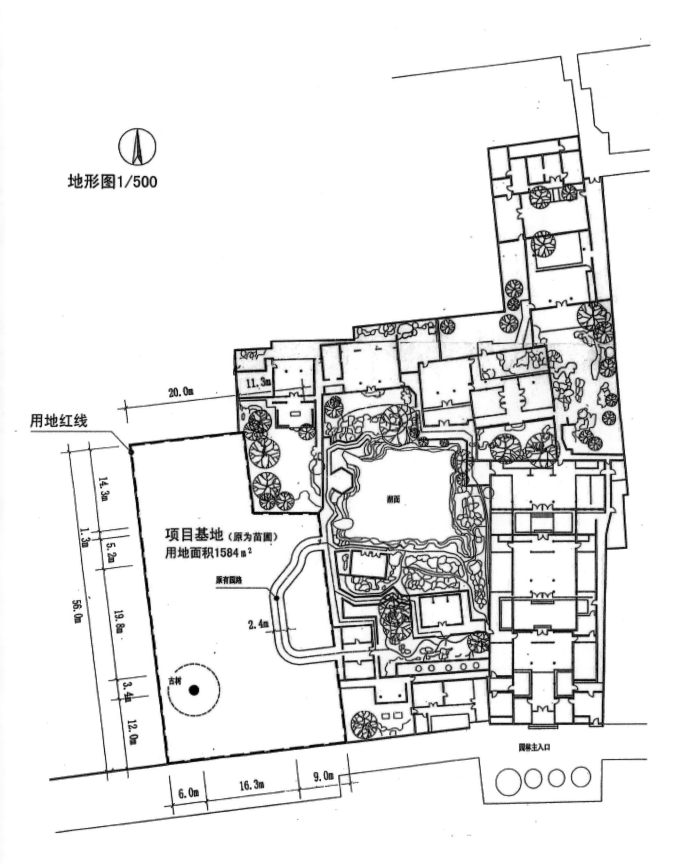

地形图1/500

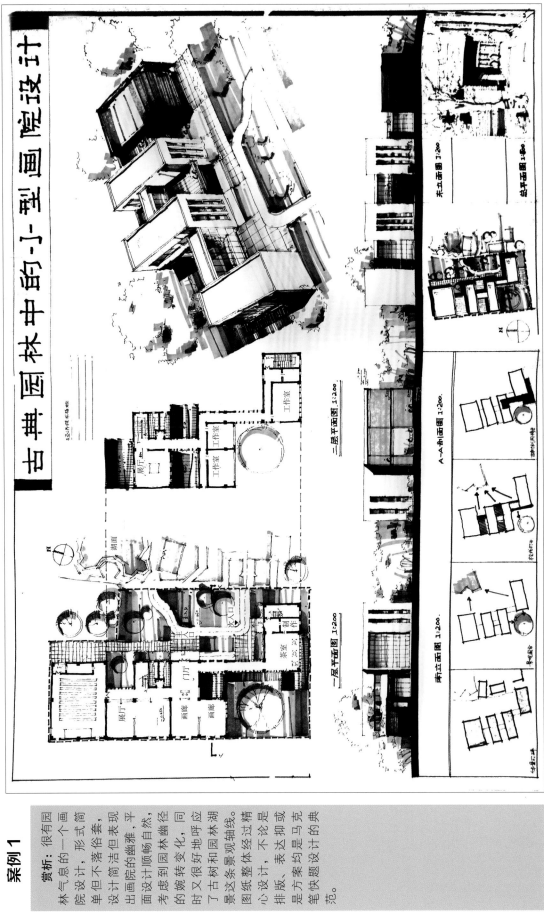

用纸: A1 绘图纸　　用时: 6 小时
工具: 针管笔 马克笔　作者: 孙璐

古典园林中的-∫-型画院设计

展厅
画廊
画廊
休息室
门厅
主入口
次入口
制作
紫室

一层平面图 1:200

工作室
工作室
展厅

二层平面图 1:200

南立面图 1:200

A—A剖面图 1:200

东立面图 1:200

总平面图 1:200

案例 1

　　赏析: 很有园林气息的一个画院设计, 形式简单但不落俗套, 设计简洁但表现出画院的幽雅, 平面设计顺畅自然, 考虑到园林幽径的婉转变化, 同时又很好地呼应了古树和园林湖景这条景观轴线。图纸整体经过精心设计, 不论是抑或是马克笔设计的典范。

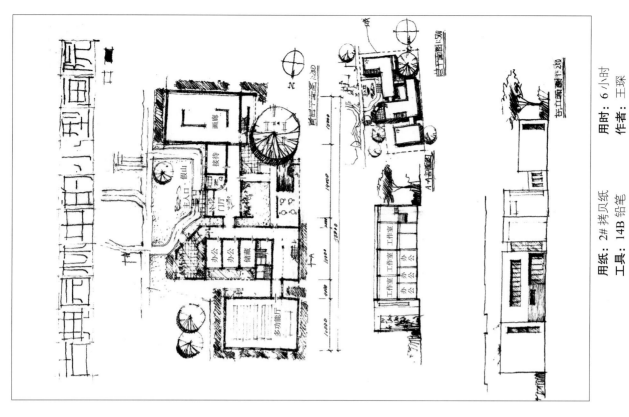

用纸: 2#拷贝纸 **用时:** 6小时
工具: 14B 铅笔 **作者:** 王琛

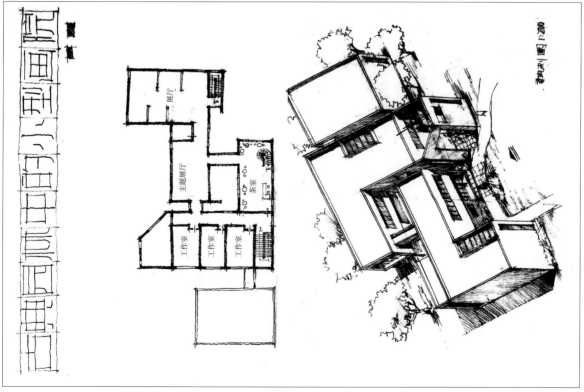

案例 2

赏析: 作者基本功扎实, 线条表达清晰严谨, 在平面空间的塑造上, 着重对景观主入口和古树景观的处理, 虽然建筑的面积仅仅是1000m², 但是在每一个细节都进行了处理。立面运用简洁的开窗与丰富的光影塑造小型展览、文化类的建筑性格。

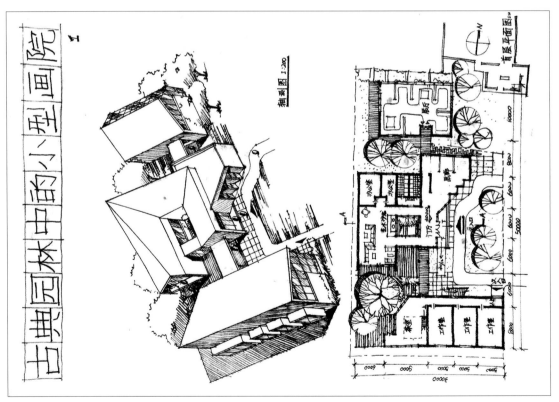

古典园林中的小型画画院　2

古典园林中的小型画画院　1

案例 3

赏析：设计保留基地现有古树，并将特色空间和茶室围绕其布置，充分利用景观，形体设计注重场地内外景观的互相渗透，门厅作为主要体量做了相应变形，突出其主导地位，形成整个构图的中心。现代坡屋顶的运用呼应了周边园林建筑的形式，又体现了文化类建筑的性格，将现代性与古典特性巧妙地融入设计中。

题目2：艺术家纪念馆设计

一、项目概况

L 为我国近代历史上著名的书画家，创作了大量的国画与篆刻作品。现拟在他的家乡 N 城兴建一座艺术家的个人纪念馆，以纪念其艺术成就。

基地选址于 L 故居所在的地块。地块的西北角为艺术家故居，故居为一灰砖坡顶二层小楼，建于 20 世纪 20 年代，至今保存完好，现在为 L 艺术基金会的办公场所。新建的艺术家纪念馆与基金会办公楼在功能上相对独立，但是需要统筹考虑办公人员的出入、联系。纪念馆的主要功能包括三个方面：L 艺术作品的固定展览，展览其他书画家作品的临展厅，介绍 L 生平的多媒体厅。除此之外还包括序言厅、服务部、办公用房、库房等。基地内须考虑 4~5 辆车左右的内部办公停车与 10 辆左右的公共停车。

建筑设计上除了需要考虑一般展览建筑的要求之外，也需要考虑纪念性建筑的要求，使参观者对于艺术家的生平、事迹有更深了解。

二、设计内容

（1）序言厅 100m²。

（2）多媒体厅 100m²。

（3）书画厅 400m²（200m²×2）。

（4）临展厅 100m²。

（5）观众服务部 100m²。

（6）讲解员休息室 40m²（20m²×2）。

（7）办公室 80m²（20m²x4）。

（8）储藏间 50m²。

（9）资档室 60m²。

（10）库房 100m²。

（11）门厅、卫生间、交通等面积自定。

（总建筑面积不超过 1800m²）

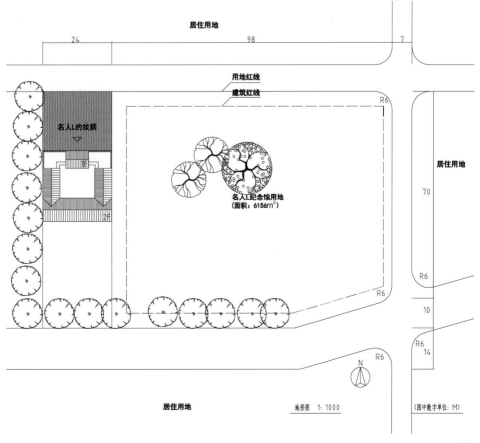

地形图 1：1000

（图中数字单位：M）

案例 1

用纸：
1# 拷贝纸

工具：
14B 铅笔

用时：
6 小时

作者：
沈涛

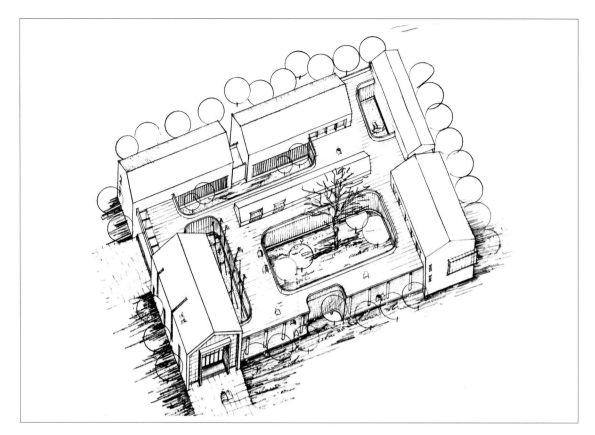

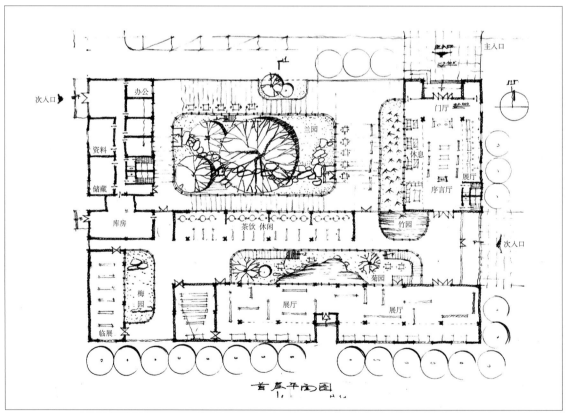

赏析：现代坡屋顶的使用方式既呼应了旁边的名人故居，又体现了文化类建筑的性格，将现代与古典建筑特性均融入设计中，另外平面中主要的空间插入了水院和竹院两个虚空的体量，将使用功能和交通功能进行区分，同时引入柔和的光线。这是一套非常优秀的快题设计，设计的思路和细节均值得借鉴。

案例2

用纸：
　A2 马克纸
工具：
　针管笔
　马克笔
用时：
　6 小时
作者：
　胡婷婷

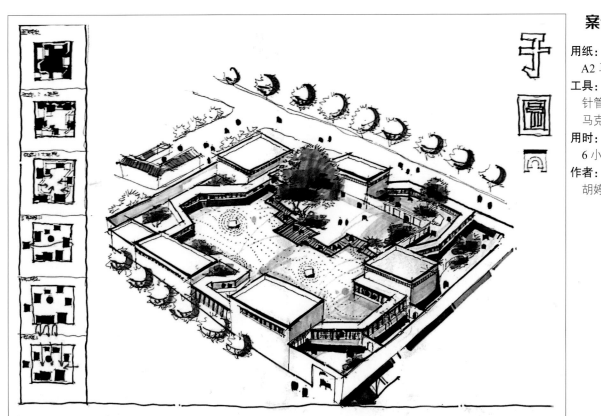

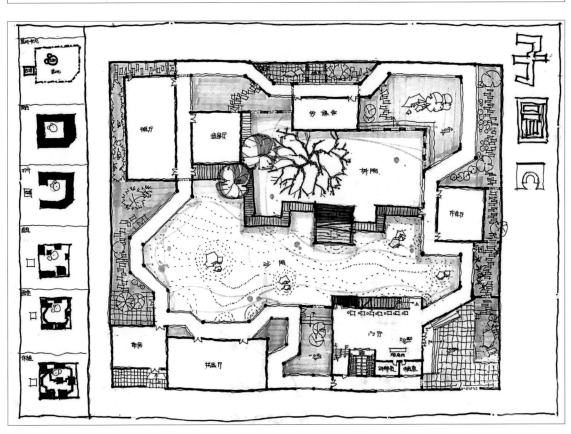

赏析：方案采用了偏园林的设计手法，用曲折的廊道连接几个散落的建筑体量。庭院中通过布置廊桥将中心庭院分为树院和沙院，使庭院的布置形成了丰富的层次。不仅保留了古树，还通过造景达到对古树的最大利用。整个场地通过庭院和廊道带动起来，建筑体量呼应了旁边名人故居，立面体现了文化类建筑的性格，将现代与古典建筑的特点融入设计中。

题目3：湿地文化展示中心设计

一、项目概况

项目基地位于南方某城市的湿地公园中。拟在该地块建一个湿地文化展示中心，以宣传环境保护理念，开展群众文化活动。并为市民提供休闲聚会的公共空间，同时成为湿地公园的景点。

项目建设范围呈矩形，东西边长100m，南北边长140m。建设范围的西面和北面均为湿地公园，南临湖影道（城市次干道）、东临临风路（城市次干道），两条次干道还有三座桥与湿地相连接，可作为基地的出入口。项目建设范围与城市道路的关系在地形图中均已标出尺寸。该建设范围内陆地部分非常平坦，被水面划分为相对独立的几个部分，陆地边界（岸线）与水面边界（水线）间为斜坡，高差1m。地形图中以10m×10m的方格网来定位曲折的陆地边界。

二、设计内容

该文化活动中心的总建筑面积控制在4000m²左右，误差不得超过±5%。具体的功能组成和面积的分配如下（以下面积均为建筑面积）。

1. 展览功能：1000m²

（1）主题展厅：200m²，1间。

（2）普通展厅：400m²，2间，每间200m²。

（3）多媒体展厅：150m²，1间。

（4）储藏库房：150m²，1间。

（5）修复备展：100m²，1间。

2. 文化活动：1000m²

（1）学术报告厅：300m²，1间。

（2）文化教室：500m²，5间，每间100m²。

（3）图书阅览：200m²，1间。

3. 餐饮服务：600m²

（1）公共餐厅：200m²，1间，含吧台，要求布置桌椅和吧台的位置。

（2）雅间：150m²，5间，每间30m²，每个雅间的内部需要独立设置卫生间。

（3）厨房：150m²，1间。

（4）咖啡厅：100m²，要求布置桌椅和吧台的位置。

4. 办公管理：300m²

（1）办公室：200m²，8间，每间25m²。

（2）接待室：50m²，1间。

（3）小会议室：50m²，1间。

5. 特色空间：200m²

该空间由考生根据设计意图自行确定，以突出湿地文化展示中心的空间特质。其功能既可以是与整体建筑功能相协调的独立功能，也可以是任务书中已有功能的扩大。

6. 公共空间：900m²

含问询、讲解员休息、纪念品销售、门卫保安等展览建筑固有功能，以及门厅、楼梯、电梯、走廊、卫生间、休息厅等公共空间及交通空间，各部分的面积分配及位置安排由考生按方案的构思进行处理。

三、设计要求

（1）方案要求功能分区合理，交通流线清晰，并符合国家相关设计规范和标准。

（2）所建湿地文化展示中心的建筑尺寸不大于60m×60m，所建位置由考生在项目建设范围内自行确定。

（3）建筑形象要与湿地环境协调融合，并尽可能减少建筑体量对湿地环境的影响，建筑层数为两层，结构形式不限。

（4）设计要尽可能保留湿地的原有水面，并将水面作为空间元素运用到设计中。

（5）本项目不要求设置游客停车位，但需考虑展品运输通道及停车卸货的空间。

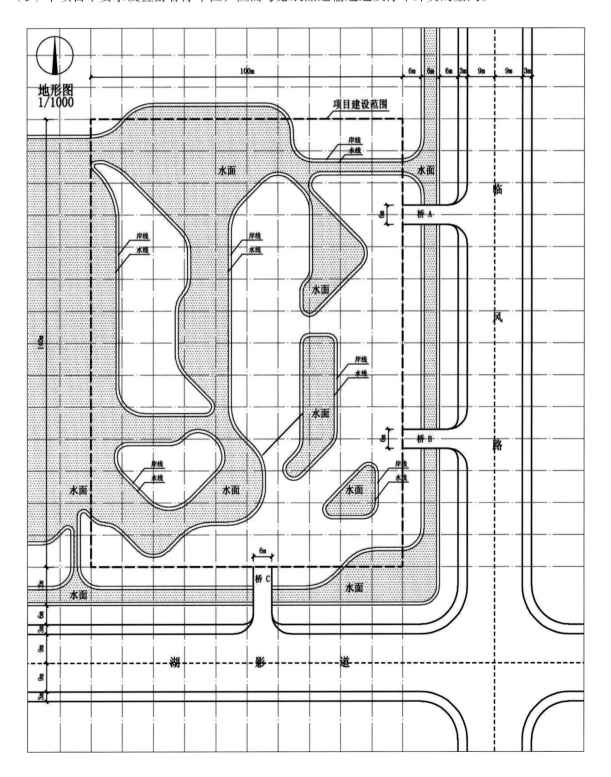

案例 1

用纸：
　1# 拷贝纸
工具：
　14B 铅笔
用时：
　6 小时
作者：
　王琛

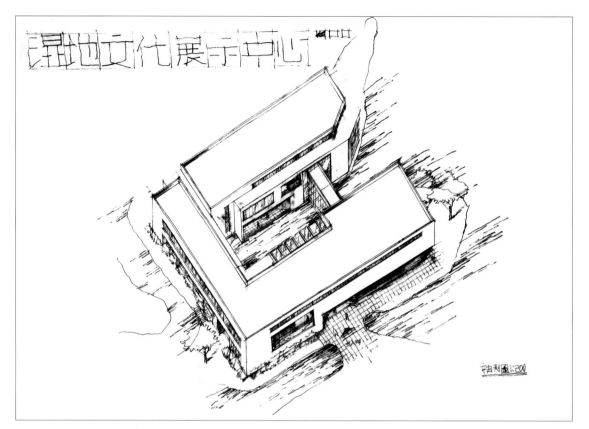

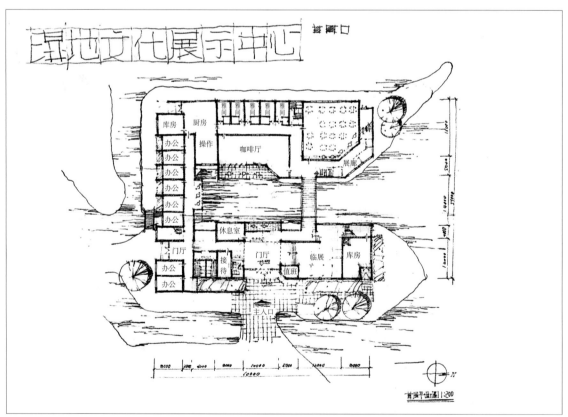

赏析： 本快题设计在作图表达上严谨、准确而清晰，整体采用"线描法"，做到结构清晰。在方案上，构思巧妙，能够充分利用周边和中心的湿地景观进行空间塑造。在建筑主入口的处理上，采用多种划分空间的手法，增加了空间的层次，形体组合简洁，展现了很高的建筑设计功底，是临摹和学习的榜样。

案例2

用纸:
1# 拷贝纸
工具:
14B 铅笔
用时:
6 小时
作者:
郎帅

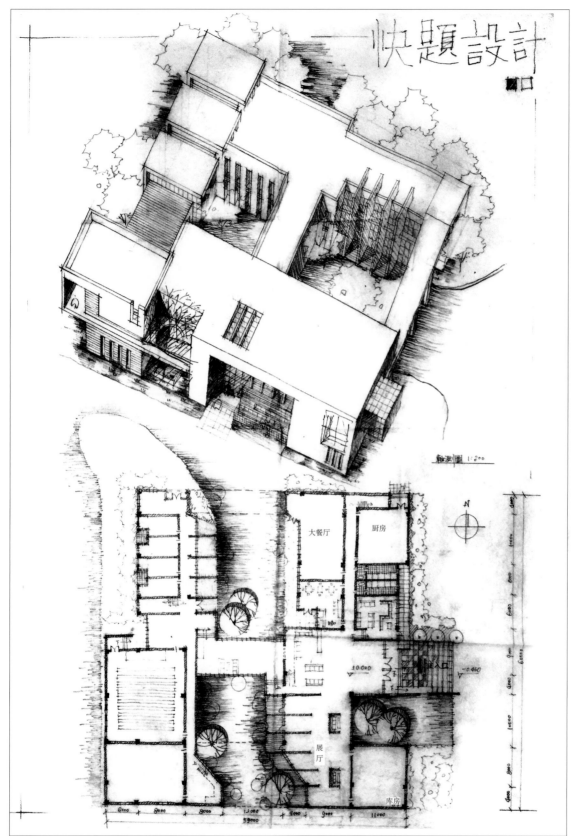

赏析: 在造型处理上主要对主立面进行塑造,创造出富有光影并且现代活力的空间。主入口虚实对比强烈,自然强化。在空间的处理上,着重主入口开合处理,既有流动性又有停留性,细节处理细腻,其他功能空间分区合理,主次分明。整体制图规范、严谨,有很高的建筑素养。

案例 3

用纸：
　A1 马克纸
工具：
　针管笔
　马克笔
用时：
　6 小时
作者：
　周荣光

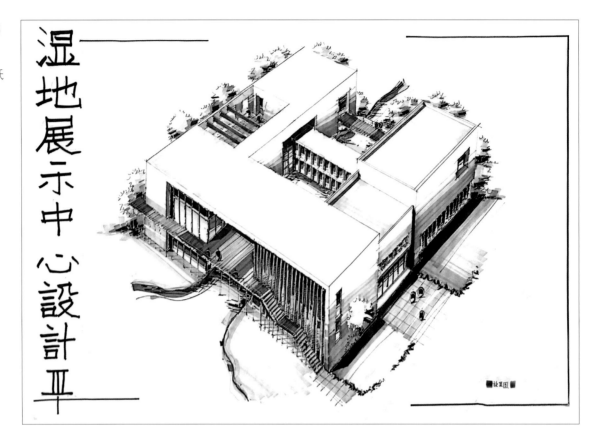

湿地展示中心设计Ⅱ

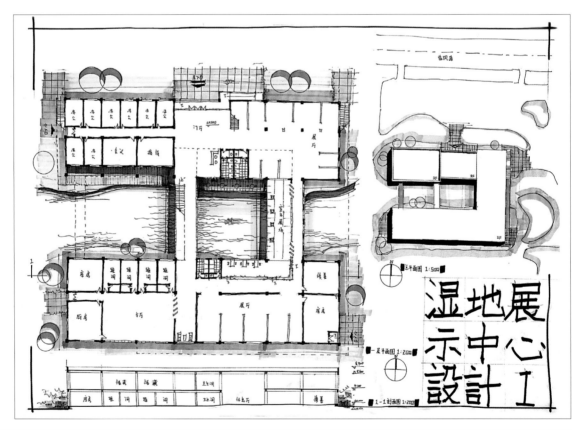

赏析： 方案选择了场地中西面一片面向景观的地块，与两条城市主要道路都有连通，交通便利。主入口选择在基地东侧，前广场比较开阔。由于场地的限制，建筑依据场地陆地形态采用"凹"字形布局。方案整体设计思路清晰，形体逻辑与空间组织一气呵成，立面设计简洁真实，注重人在场地及建筑中的流转和体验。

湿地文化中心设计

总平面图 1:200

用时：6小时
作者：祁金金
用纸：1#拷贝纸
工具：14B铅笔

主入口
次入口
咖啡厅
接待室
门厅
纪念品销售处
休息区
上空
大餐厅
雅间
雅间
雅间
雅间
雅间
后勤入口
备餐
-1F地坪

办公
学术报告厅
文化教室
文化教室

湿地文化中心设计

鸟瞰图 1:200

主入口

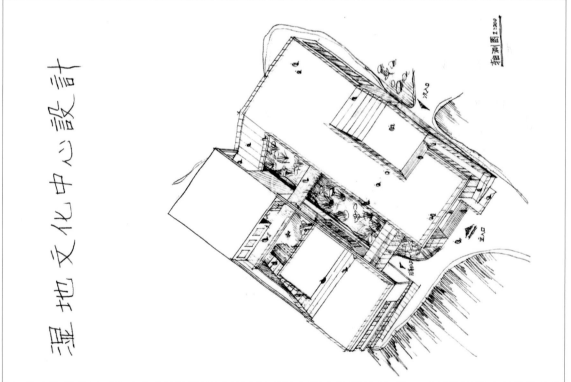

案例 4

赏析：该方案选择了场地中西面一片向景观的地块，与城市主要道路都有连通，交通便利。主入口选择在基地南侧，前广场比较开阔。由于场地的限制，建筑依据场地地形态采用两个矩形盒子，采用地景式设计策略，将部分对采光需要不多的房间设计为半下沉，尽量降低建筑整体高度，形成"消隐"的效果。

151

题目4：古墓陈列馆设计

一、项目概况

在我国南方某城市考古发现了一处南汉国时期的国王的陵墓，为了很好地保护与展示该陵墓，需要建一座南汉王陵墓陈列馆。

该陵墓坐北朝南，北、东、西三面被山包环绕，南面邻水，环境优美。

考古挖掘的陵墓的墓室在地下，地面上仅露出直径约10m的坟茔。

古墓陈列馆建设用地总用地面积约为3200m²，基地北高南低，坡度平缓。基地通过一座桥与南面的城市道路相连。（见地形图）

二、设计要求

（1）遗址陈列馆总建筑面积为1800~2000m²。

（2）主体建筑层数1~2层，建筑结构、风格不限。

（3）为了很好地保护陵墓本体，需在坟茔上方建一个陈列大厅，游客可进入陈列大厅和墓室参观，大厅内应设置可供参观的平台和路径。

（4）除了陵墓陈列大厅外，陈列馆还需要展示相关文物、史料，以及进行相关考古学术研究。

三、设计内容

（1）陵墓陈列大厅：面积800~1000m²。

（2）展览部分：面积500~600m²。

（3）游客服务、休憩部分：面积不超过150m²。

（4）考古研究、文史资料、办公、会议等部分：面积250~300m²。

（5）设备用房、卫生间等其他必要的辅助功能：面积不超过120m²。

（6）陈列馆前需布置前广场，广场上需有适当的景观设计，并留出可停10辆小车与2辆大型旅游车的停车位。

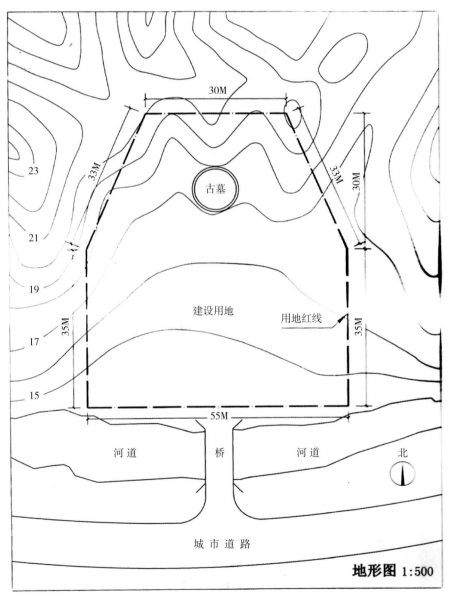

地形图 1:500

案例 1

用纸：
1# 拷贝纸

工具：
14B 铅笔

用时：
6 小时

作者：
沈涛

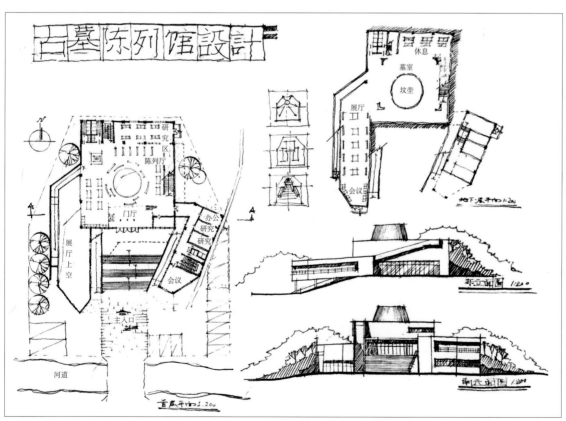

赏析： 本作品最大的特色是方案形体构成非常自信，既做到了轴线的统一，同时，也在统一的前提下进行了一定的变化。在主入口空间的塑造上，将流动空间的塑性空间与小空间的刚性空间进行衔接，尽显建筑素养。

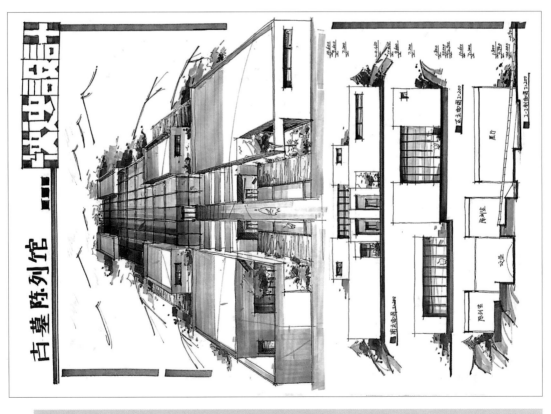

用纸：A2 马克纸
工具：会议笔 马克笔
用时：6小时
作者：褚尹筝

古墓陈列馆 快题设计

古墓陈列馆 快题设计

案例 2

赏析：该方案
采用轴线层次进
行形体设计，尽
显古墓博物馆的
庄严与肃穆。形
体组合简洁大方，
在用减法生成形
体后，在前导空
间进行灰空间塑
造，体现出建筑
的场所感。平面
功能设计合理，
根据功能密切关系
空间的疏密可以
便可以区分主要
功能与次要功能，
是考生临摹的典
范。

题目5：汽车展示中心设计

一、项目概况

基地位于雨花台附近某社区，由于规划道路的调整，在住宅小区与城市道路之间形成一块空地。经规划部门批准，拟建街心公共花园和汽车展示中心。汽车展示中心用地面积2900m²（建筑红线面积1600m²），拟建总建筑面积1200m²，层数局部两层，用以汽车的展示与销售。

二、设计内容

建筑主要功能面积组成（均为使用面积）：

（1）展示大厅区，500m²。

（2）洽谈咖啡区，100m²。

（3）问讯服务总台，30m²。

（4）汽车杂志阅览与资料复印区，50m²。

（5）小型VIDEO间，50m²。

（6）会议兼接待室，80m²。

（7）后勤办公室（办公、财务、秘书等），8间，每间10m²。

（8）经理办公室，2间，每间20m²。

（9）卫生间、楼梯间等，由设计者确定。

三、设计要求

（1）设置室外的汽车临时展示区。

（2）设置室外休闲咖啡区。

（3）顾客停车在小区的地下公共停车库解决，展示中心地面可不考虑停车。

（4）室外场地景观需结合街心花园一并进行设计。

（5）建筑布局应考虑与城市道路、街角的空间关系。

（6）建筑要求反映汽车所代表的科技、速度、时尚等特点。

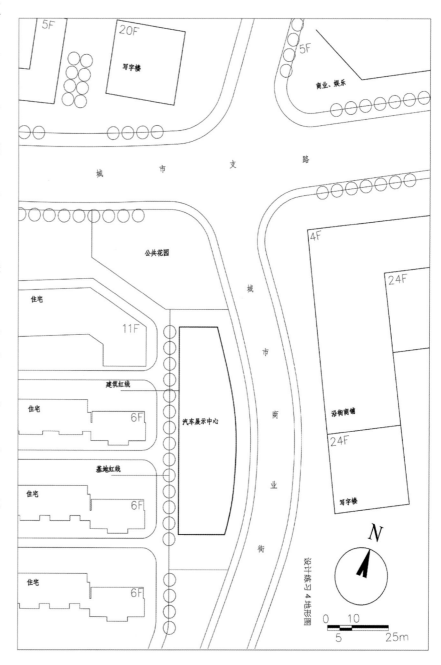

案例 1

用纸：
1# 拷贝纸
工具：
14B 铅笔
用时：
6 小时
作者：
王琛

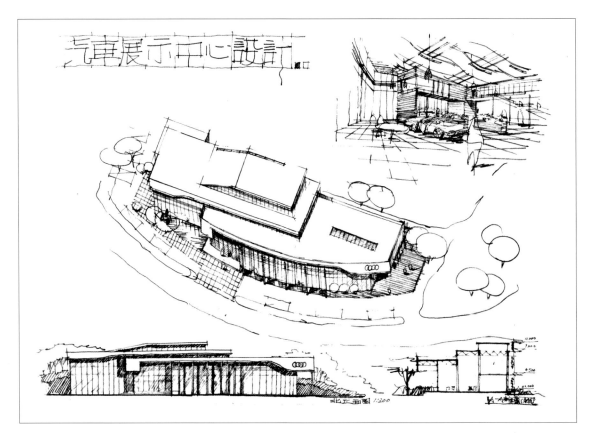

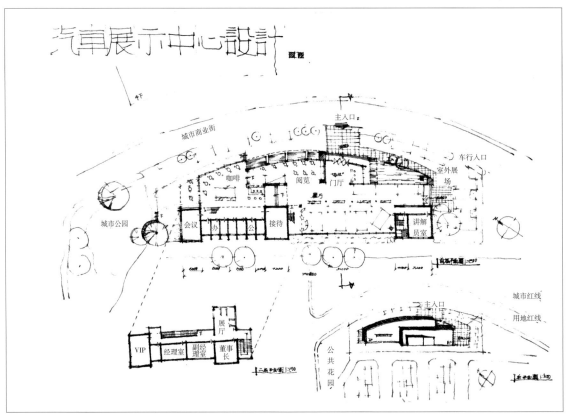

赏析： 本作品充分呼应了基地的地形，将门厅、展厅、洽谈咖啡区等几个大空间通过矮墙、台阶、柱子等分隔空间的手法分隔，功能分区合理，流线清晰，在形体关系上，通过三个咬合的层次丰富体量关系。该快题设计属于小规模建筑设计，空间的塑造是关键。这也是一份十分优秀的快题设计作品。

4.2 商业类建筑

题目6：湖景餐厅设计

一、项目概况

某湖泊风景区拟在风景如画的湖岸边修建一座高档"生态鱼宴餐厅"。用地为湖西岸向水中伸出的半岛。西靠山体、西侧山脚下有环湖路和停车场，北东西三面临水。用地边界：西为道路和停车场的东侧道牙，北东南三面的湖岸线向湖内10米，用地面积约5000m²。环湖路东侧有5m高的缓坡，坡向湖面。南侧临湖有两棵大树。

二、设计内容

（1）总建筑面积1200m²（上下5%），餐厅规模200座，餐厨比1：1。

（2）就餐区需要面向湖景单独设置一个15座的湖景包间。

（3）充分考虑和地形环境的结合，适当考虑户外的临时就餐座。

（4）其他相关功能自行设置。

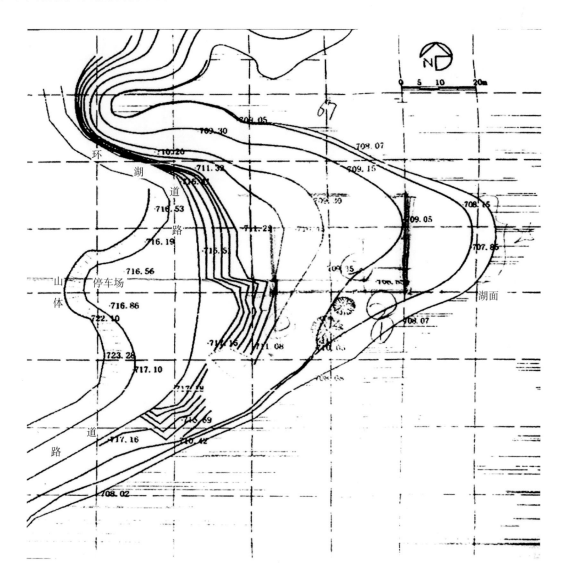

案例1

用纸：
　A1 硫酸纸
工具：
　针管笔
　马克笔
用时：
　6 小时
作者：
　管宇君

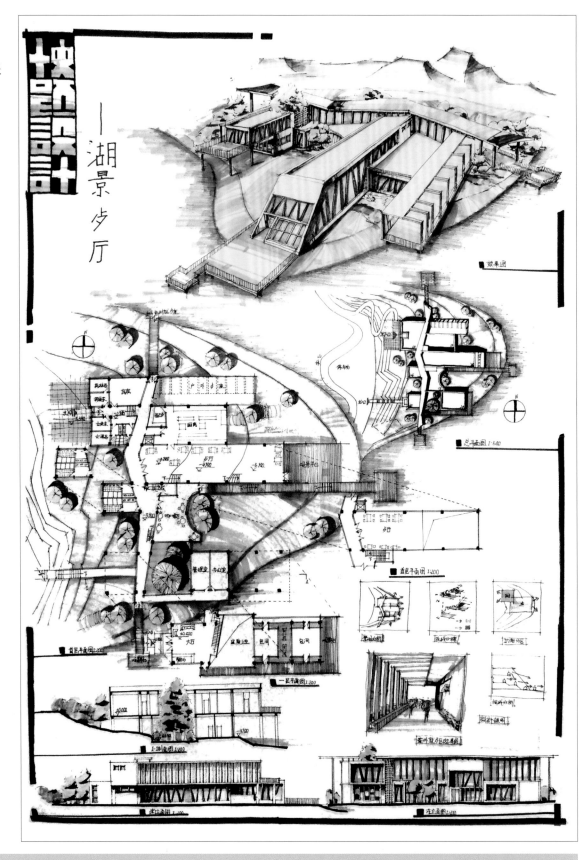

赏析： 图纸表达清爽，制图语汇标准，虽然是快题设计，但是平面的表达深度能够与课程设计相媲美，很严谨，值得大家学习。对于分析图的处理，表达了自己的场地和特色空间，完全体现出了分析图的意义。造型简洁富有现代感，体现扎实的美学修养。

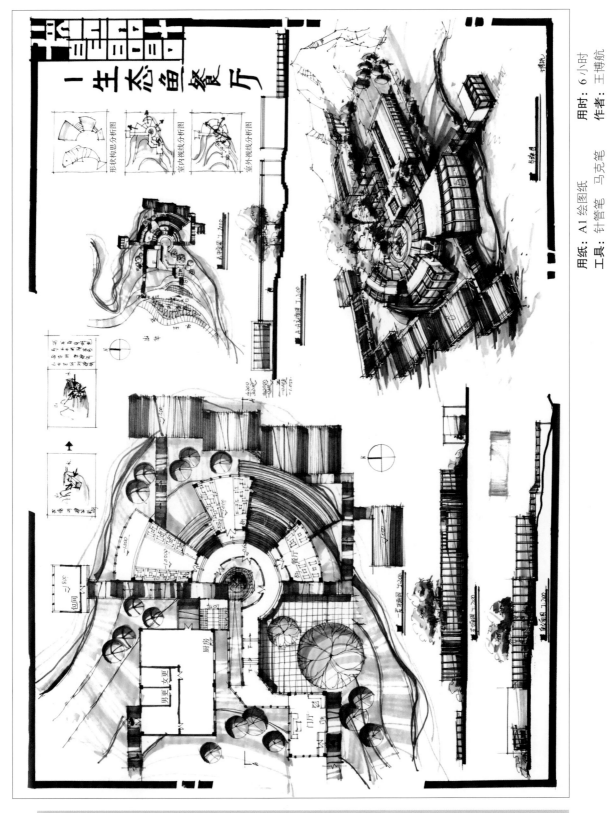

用纸: A1 绘图纸   用时: 6小时

工具: 针管笔 马克笔   作者: 王博航

案例 2

赏析: 这套快题的设计手法也是十分简单有效的一个简单平车形平面,但是这个风车形的平面却非常高级。首先,从右上角右下到下角小的变化,之后一下子转到左上角,形成一个长方形变形,方案能力极强,在图纸上,色彩表达上,明快富有冲击力。

159

案例3

用纸：
  1# 拷贝纸
工具：
  炭笔（软）
用时：
  6 小时
作者：
  李恬

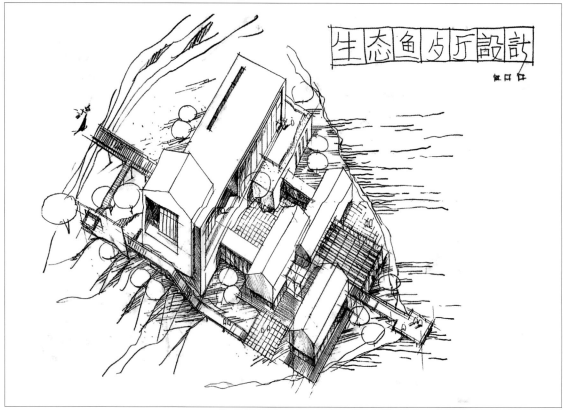

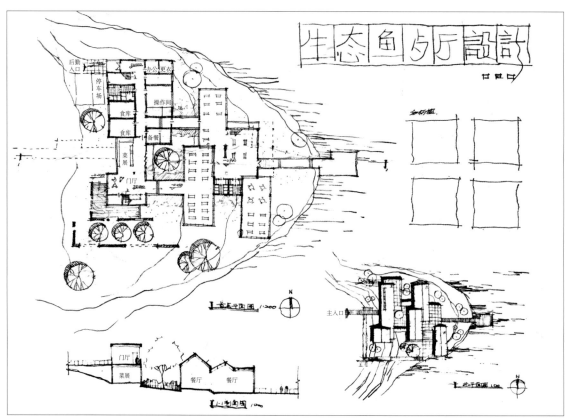

赏析： 本案将场地布置、功能分区、人流规划、建筑形体等问题统一考虑，重复利用加法，使得方案纯粹而统一，是一个具有强烈场所感的快题设计方案。主入口采用栈道引导人流，既利用了地形，同时也增强了外部空间的趣味性。该图采用炭笔作为表现工具，更具有层次。

题目7：公园中的特色餐厅设计

一、项目概况

项目基地位于北方某森林公园内。森林公园内栽植树木，树干中央与树干中央之间的水平和垂直距离均为9m。拟在该地块内部建一特色餐厅，供游客进行就餐和聚会之用。

项目基地地块呈直角梯形，南北进深101.5m，东西宽52m，地势平坦规整，总用地面积3926m²，用地范围内栽植40棵树，建设范围如地形图中用地红线所示，不做建筑退线要求，图中各部尺寸均已标出。

二、房间组成及使用面积要求

该餐厅由中式餐厅和西式餐厅两部分组成。总建筑面积控制在3000m²左右，误差不得超过±5%。具体的功能组成和面积的分配如下（以下面积均为建筑面积）。

1. 中式餐厅部分：1400m²

（1）厨房操作：500m²，由主副食库、加工间、杂物间、洗碗间和备餐间等组成。在房间功能上简单布置即可。

（2）公共餐厅：600m²，提供中式餐饮的就餐环境，要求布置桌椅和柜台。

（3）雅间：300m²，一共10间，每间30m²，每个雅间的内部需要独立设置卫生间。

2. 西式餐厅部分：1300m²

（1）厨房操作：500m²，由主副食库、加工间、杂物间、洗碗间和备餐间等组成。在房间功能上简单布置即可。

（2）西餐厅：600m²，提供西式餐饮的就餐环境，要求布置桌椅和柜台。

（3）咖啡厅：200m²，提供西式的休闲环境，要求布置桌椅和柜台。

3. 入口接待部分：250m²

（1）餐饮外卖：50m²，供菜品的对外出售。

（2）菜品展示：200m²，供菜品的展示，兼做门厅和接待功能。

4. 管理办公部分：50m²

管理间：50m²，一共2间，每间25m²。

其他如门厅、楼梯、走廊、卫生间等各部分的面积分配及位置安排由考生按方案的构思进行处理。

三、设计要求

（1）餐厅室外应设置一个不少于200m²的室外就餐环境，与周边环境相协调。

（2）总体布局中应严格控制砍伐树木的数量不超过20棵。

（3）树干中心距离建筑不得小于1m。

（4）本项目由于位于森林公园内，故不要求设置停车位。

（5）建筑层数不超过3层，结构形式不限。

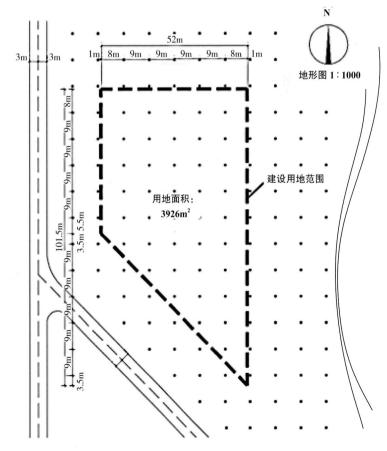

N

地形图 1：1000

建设用地范围

用地面积：
3926m²

注：图中的黑点为森林公园中的树干

案例1

用纸：
1# 拷贝纸

工具：
炭笔（软）

用时：
6 小时

作者：
李恬

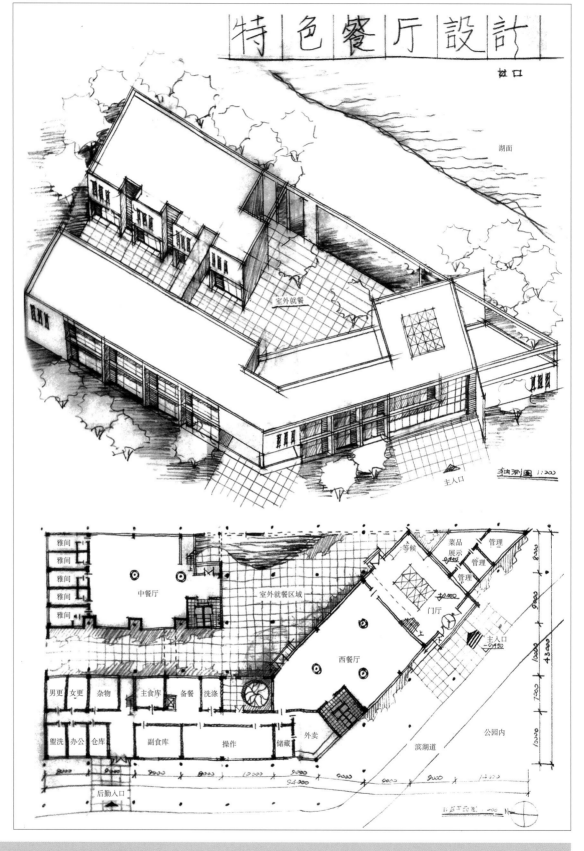

赏析：以场地为思考原点，建立景观最大化的建筑布局，将建筑中餐厅、西餐厅、室外就餐以及主入口部分均对应景观进行处理，反映出设计者准确把握任务书所考重点，以及寻求全局最优解的设计思路。在景观面的处理上，利用景框进行框景，既能够做到界定空间的作用，同时能够呼应景观。

案例 2

用纸：
1# 拷贝纸
工具：
14B 铅笔
用时：
6 小时
作者：
王琛

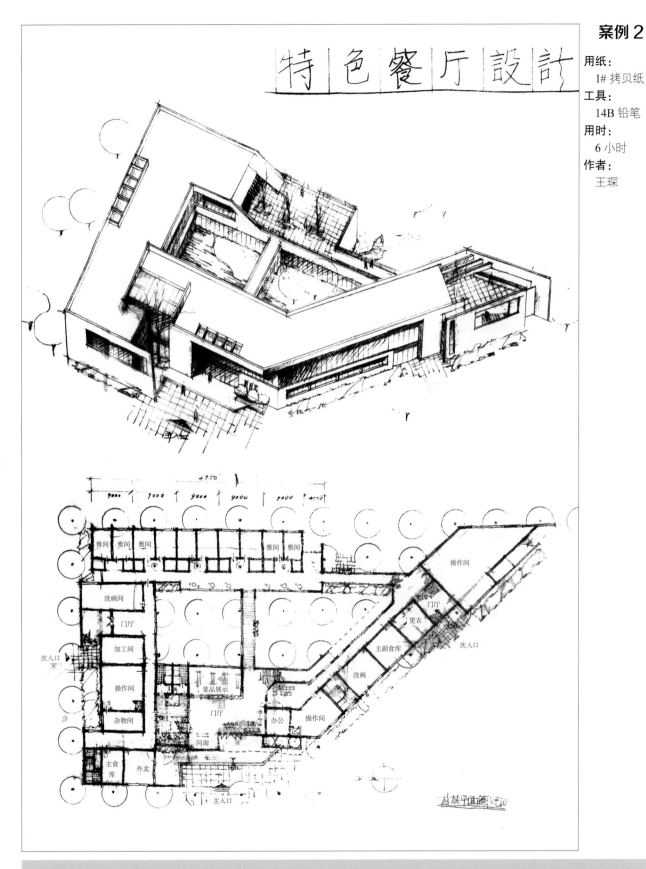

特色餐厅设计

赏析： 设计中对树采取"多让少砍多利用"的原则，符合本题出题意图。形体处理上与基地契合度高，并通过雅间上部减法的处理，使前面房间的视野充分打开，并自然形成室外就餐平台。而入口是通过减法形成灰空间，并保持了里面的连续性和横向感，以横向线条体现餐饮建筑立面。

题目8：某地方风味特色餐厅设计

一、项目概况

在我国北方某城市新建居住区的紧临城市主要交通干线一侧，拟建一座风味特色餐厅，满足附近居民、公司客户及过往游客等的就餐需求，并且适应不同类型的就餐形式。要求餐厅具有文化底蕴，反映地方特色。

二、主要技术指标

（1）总用地面积：0.4hm^2。

（2）总建筑面积：2100m^2 左右。

（3）建筑层数：不超过三层。

三、总图设计要求

（1）规划要求建筑退道路红线距离见地形图所给数据。

（2）考虑停车车位不少于35辆及部分自行车停车场。

（3）充分利用地形，考虑必要的防火间距和消防通道。

四、建筑单体设计内容及面积指标

1. 公共部分：共计 320m^2，包括：

（1）门厅：100m^2，作前台及接待厅。

（2）休息厅：100m^2，供顾客休息等待，可设儿童活动角。

（3）菜品展示厅：80m^2，展示冷热菜肴样品，并布置海洋池（柜）等。

（4）特色礼品展卖区：40m^2。

2. 餐厅部分：共计 840m^2，包括：

（1）大餐厅：300m^2，可供250余人用餐，内设小舞台及总服务台，集中或分散布置均可。

（2）多功能厅：180m^2，供团体聚餐、举办宴会及其他功能，如娱乐、商业等之用。

（3）雅间：360m^2，其中设单间10间，24m^2/间，套件2间，60m^2/套，自带卫生间。

3. 厨房部分：总计 500m^2（根据需要可分层设置），包括：

（1）加工区：主食加工120m^2，其中设有面点制作间、主食制作间及热加工间；副食加工120m^2，其中设有烹调操作间、粗加工间及精加工间，面积自行分配。

（2）备餐室：80m^2，根据功能要求可集中或分层设置。

（3）储藏区：冷藏库30m^2；库房60m^2，包括主食库、副食库，面积自行分配。

（4）洗涤消毒间：30m^2。

（5）后勤区：设内部卫生间、淋浴间及更衣室60m^2。

注：厨房只做大致的功能分区，不设计详细工艺流程。

五、设计要求

（1）结构安全合理，形式不限，符合相关规范要求。

（2）功能分区明确，布局合理，交通便利，流线清晰。

（3）建筑造型应体现餐厅建筑的性格特征，成为此街区的景观标志。

（4）首层平面必须注明两个方向的两道尺寸线，剖面图应注明室内外地坪、各层及屋顶标高。

（5）大餐厅作简单家具布置。

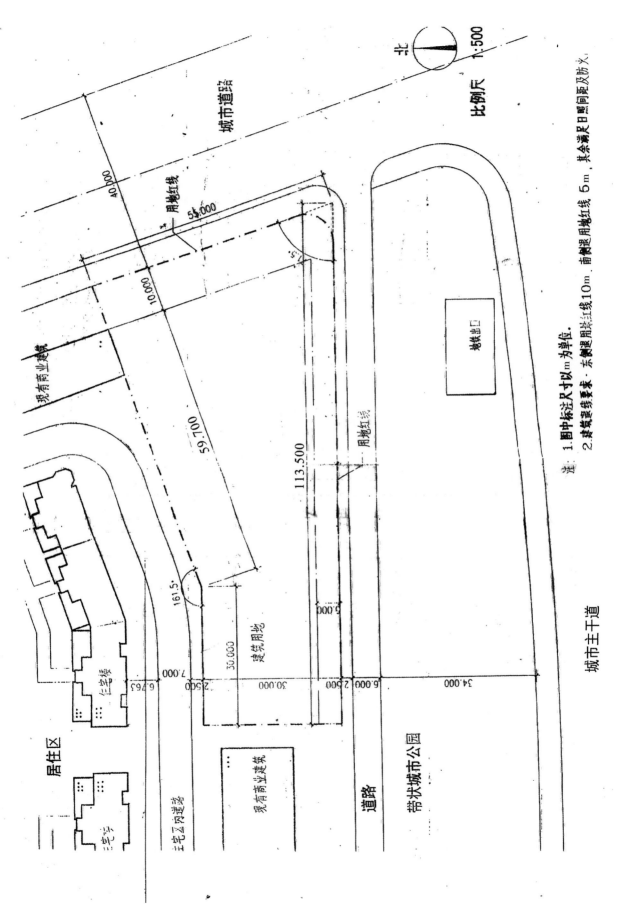

案例1

用纸：
　1# 拷贝纸
工具：
　14B 铅笔
用时：
　6 小时
作者：
　王琛

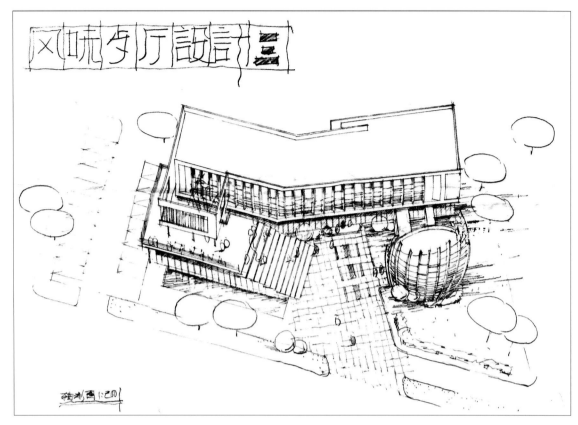

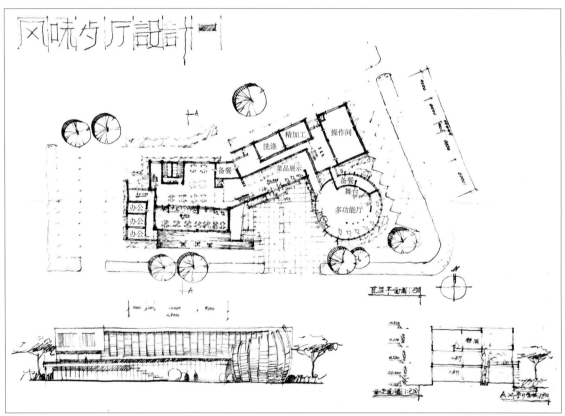

赏析： 设计主要由圆形和折线形构成，将大空间部分以圆形的形式甩出，餐厅及辅助区域布置在折线部分，餐厅部分的入口的空间序列处理得非常到位，通过大台阶和水池引入。在造型方面，符合餐厅及标志性建筑的建筑特点，通过圆形的多功能厅部分的处理丰富城市立面，整体开窗方式简洁统一，处理手法成熟，空间手法以及造型手法都非常值得学习！

案例2

用纸：
A1 绘图纸
工具：
会议笔
马克笔
用时：
6 小时
作者：
张颖

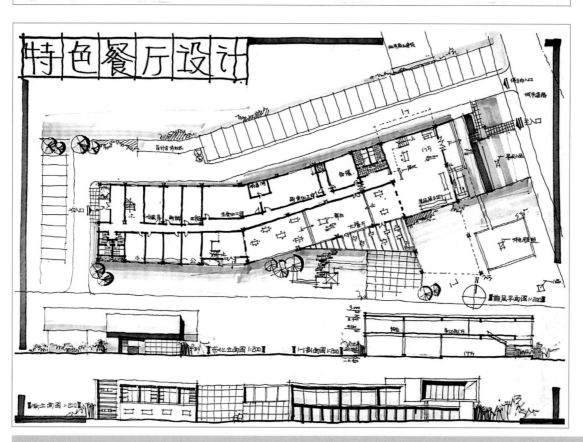

赏析：该方案思路简练，流线清晰，形体生成简洁而有冲击力，在二层宴会厅的主要用房直接对应城市景观绿带，达到了功能和形式的统一。在图纸的表达上，对线条足够自信，全部徒手绘制，富有弹性，马克笔上色草草几笔便表达出了建筑的光影。

用纸: A1 绘图纸　　用时: 6 小时
工具: 针管笔 马克笔　　作者: 未署名

风味特色餐厅设计

办公　办公　会议

多功能厅

总服务台　舞台

餐厅

庭院上空

雅间　雅间

套间　雅间

雅间　雅间

二层平面图 1:200

冷藏　副食库　主食库

洗涤　主食加工　餐厅

消毒　副食加工

备餐

工具间

休息区

特色礼品展卖　　样品展示

接待

车行入口

一层平面图 1:200

车行入口　主入口

车行入口

城市道路

现有商业建筑

住宅区内建筑

住宅

现有商业

通路

主入口　车行入口

车行入口

总平面图 1:500

立面图 1:200

N

案例 3

赏析: 该方案应用最简单的设计手法解决了复杂的问题, 顺应地形, 用两个形体进行穿插作为设计的出发点, 挑出的大空间部分合理地避让了引街角的空间, 将人休息空间打开景观的界面, 将餐主要功能的用餐空间通过门厅串联, 和厨房等对内使用的房间布置在西侧, 功能分区合理, 流线清晰, 空间丰富, 对于基地细部的处理以及借鉴部十分值得借鉴。

168

题目9：小区会所及售楼处设计

一、项目概况

拟建项目位于天津市某已建成居住小区南侧，因该居住区增建住宅，故建此小区会所及售楼处用以改善该居住小区的公共服务设施和居住环境的质量。

项目总用地面积约为 4800m²，基地内地势平坦。地块形状大致呈"L"形平面，东西长 110.1m，南北进深 36~52.8m，一条 10.5m 宽的道路（陵水道）穿过基地，将基地划分为东西两部分。基地南侧钱江路道路红线 30m，两侧各有 30m 宽的城市绿化带（建设用地后退城市绿线 6m），东侧学苑道道路红线为 24m。基地地块北侧现有五层集合住宅一幢，设计时需考虑留出足够的日照间距。东西两侧分别为办公楼（五层）和小学教学楼（三层）各一幢。

项目基地的各尺寸均已在地形图中标出。

二、设计内容及面积指标

本项目由以下几部分组成，总建筑面积 3000m²，误差不得超过 ±5%。具体房间及其使用面积如下。

1. 会所部分：合计约 1100m²

（1）健身房：150m² × 2 间。

（2）更衣沐浴：25m² × 4 间。

（3）棋牌室：100m² × 2 间。

（4）教室：100m² × 2 间。

（5）酒吧茶室：100m² × 1 间。

（6）接待室：30m² × 2 间。

（7）办公用房：25m² × 4 间。

2. 物业办公：合计约 600m²

（1）办事大厅：200m² × 1 间。

（2）接待室：30m² × 2 间。

（3）物业办公：25m² × 6 间。

（4）会议室：100m² × 1 间。

（5）储藏室：25m² × 2 间。

注：住宿部分均采用单侧廊，客房朝南布置。若其南面有建筑物，应满足日照间距不小于 1:1.4。

3. 售楼处：合计约 500m²

（1）展示厅：300m² × 1 间，其中要求布置 5m × 7.5m 的楼盘沙盘一个。

（2）休息室：25m² × 1 间。

（3）洽谈室：25m² × 4 间，洽谈室可以考虑做开敞式处理。

（4）职工更衣室：25m² × 2 间。

注：本售楼处将在远期改变为小型超市，故此应保证其有相对的经营独立性，但是不在本案中进行设计。

4. 其他部分：合计 600m²

如各部分的门厅、楼梯、走廊、卫生间等，其数量、面积及位置由考生按方案的构思自行合理安排。

三、设计要求

（1）在总体布局中应注意主入口与城市道路的关系，场地中应考虑消防通道（东侧消防通道可考虑与通向办公楼的小路相连接），且穿过建筑的洞口高度与宽度均为 4m。场地内需设停车位 12 个。

（2）为保持城市绿化带完整，城市绿化带内不得再设道路通行。

（3）由于地块北侧现有集合住宅一幢，拟建建筑需按建筑高度的 1.6 倍留出足够间距。

（4）建筑首层临陵水道一侧需后退道路边线 3.0m 以上（含 3.0m），由于对城市形象的考虑，建议东西两部分在上部做连体处理。

（5）建筑层数不超过三层。建议层高：首层层高 5.1m，二层及三层层高 3.6m，室内外高差不少于 0.6m，结构形式为框架结构。

（6）首层平面必须两个方向注明两道尺寸线，剖面图应注明室内外地坪、楼层及屋顶标高。

（7）在平面图中直接注明房间名称，有使用人数要求的房间应画出布置方式或座位区域。

（8）方案应功能分区合理，交通流线清晰，并符合国家有关设计规范和标准。

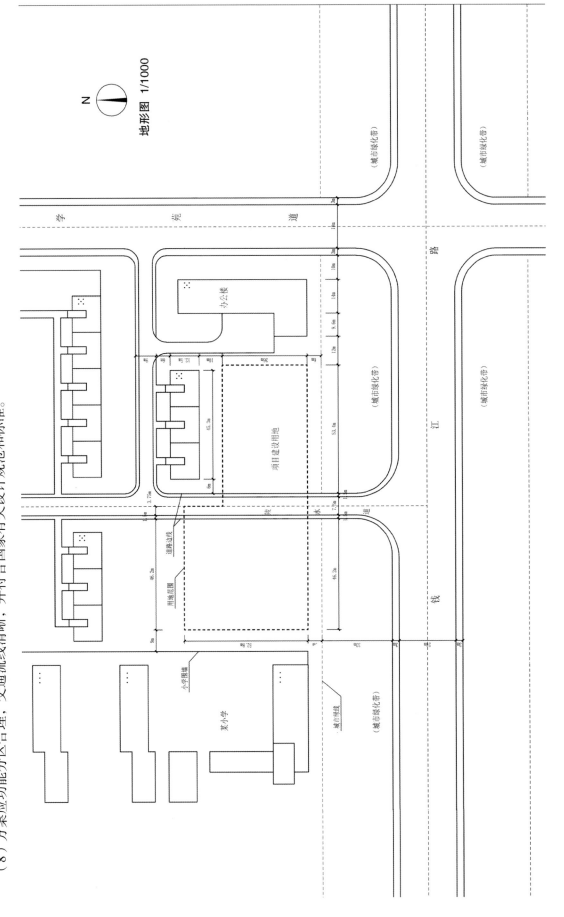

地形图 1/1000

会所售楼处设计

案例 1

用纸:
A1 马克纸

工具:
会议笔
马克笔

用时:
6 小时

作者:
周荣光

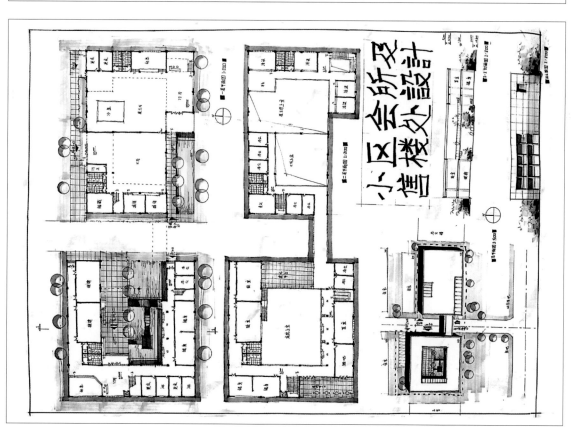

赏析: 形体简洁,很好地呼应了道路两边的场地,形成完整富有变化的沿街立面,平面布置疏密变化有序,空间营造十分丰富,使景观能够渗透到建筑中去。最终效果图的完成也非常成熟,色彩亮丽大方,符合售楼处的商业气息。

案例 2

用纸：
1# 拷贝纸

工具：
炭笔（软）
14B 铅笔

用时：
6 小时

作者：
李恬

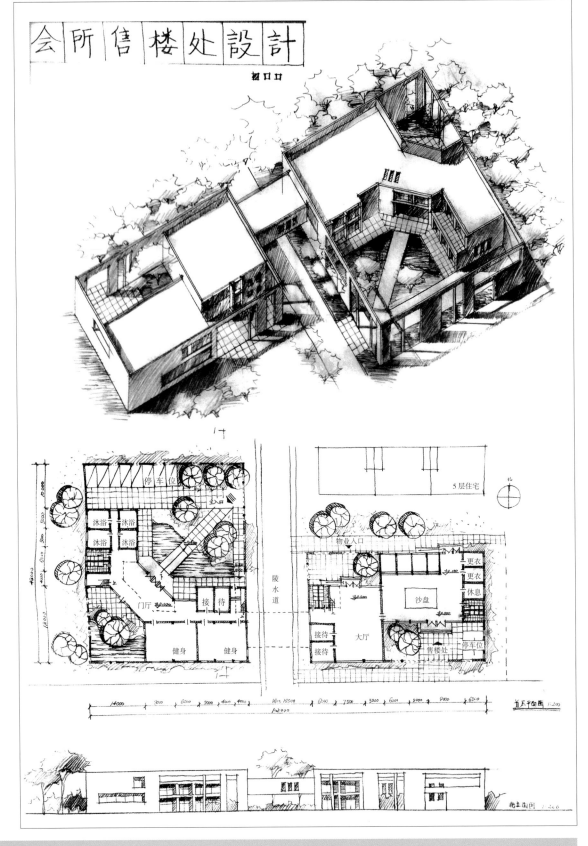

赏析：本案将通过采用简洁的"减法"作为方案的出发点，生成手法凝练，形体富有韵律感，主次分明，用简单的手法解决复杂的场地问题。平面功能合理，流线可达性强，大小空间穿插自如。在建筑的主入口采用片墙引导，增强场所感。图纸表达采用"素描法"增加层次和光影，是快题设计临摹的典范。

题目 10：居住区会所设计

一、建设地点

中国某城市（南方、北方地区可自选，并在设计中注明）

二、任务要求

某新建居住区拟建一处会所，会所总建筑面积为 3000m² ±10%，会所建筑需考虑与周边建筑和道路的关系，考虑本区内居民的便利使用，并应注意建筑与环境的协调，建筑层数不超过三层。

建筑用地内地势平坦，西侧有一人工湖，设计时应保持原有地形地貌，不宜对景观环境做过大改动。处理好人车流线，适当设置停车场和室外活动场地，用地详见地段图。

三、设计内容（以下面积均为使用面积）

1. 娱乐健身部分

（1）戏水大厅 600m²（考虑含 25m 长泳道的游泳池和儿童戏水池），配套的附属房间及面积自定。

（2）台球室 100m²。

（3）乒乓球室 100m²。

（4）棋牌室 5 间（20m²/ 间）。

2. 多功能厅及附属用房

300m² 用于社区会议、文化活动等。

3. 休闲及购物空间

（1）超级市场 200m²。

（2）咖啡厅 100m²。

（3）网络中心 200m²。

4. 美容美发 100m²

5. 公共、管理等用房

（1）居委会办公室 3 间（20m²/ 间）。

（2）物业管理 3 间（20m²/ 间）。

（3）医务室 2 间（20m²/ 间）。

（4）门厅、休息厅、厕所等空间可结合具体情况自定。

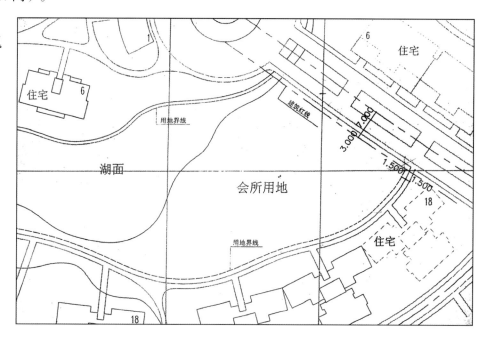

案例 1

用纸：
　A1 马克纸
工具：
　会议笔
　马克笔
用时：
　6 小时
作者：
　祁金金

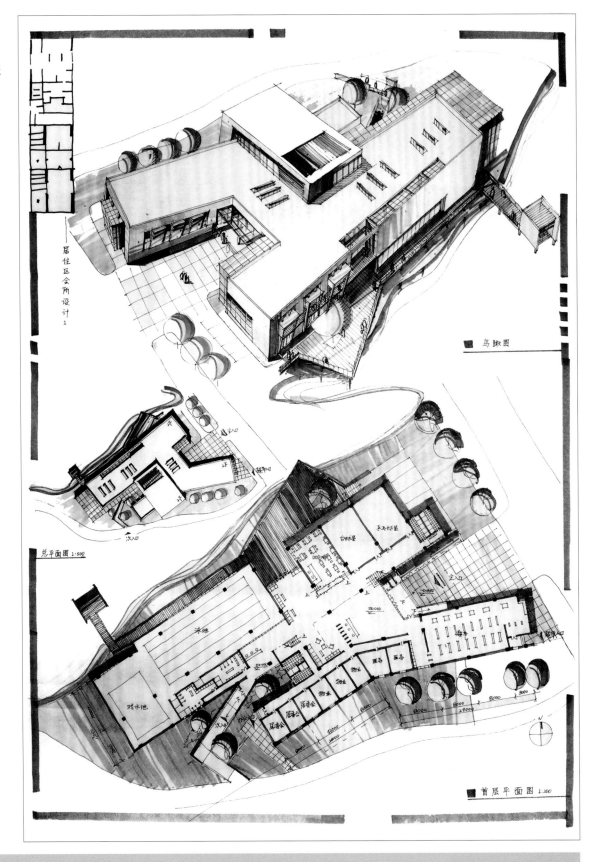

居住区会所设计 1

■ 鸟瞰图

总平面图 1:500

■ 首层平面图 1:200

赏析： 此方案流线非常清晰明确，功能分区与场地结合契合。在空间的塑造上，着力塑造主入口和景观面两个空间节点，做成流动空间，采用四种划分空间手法——墙体、台阶、材质和界面，细节处理非常细腻，可谓快题的佳作！在形体立面的塑造上简洁有力。

案例2

用纸:
A2 马克纸
工具:
针管笔
马克笔
用时:
6 小时
作者:
高畅

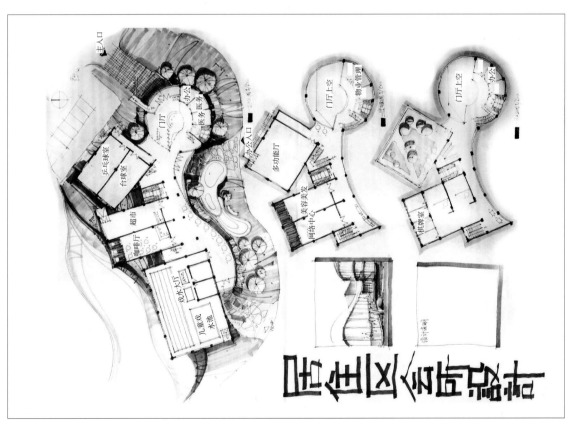

赏析: 此方案十分大胆和自由的造型,但控制力很好,能够巧妙地顺应场地产生优美的曲线,同时曲直对比,用柔和的曲线包裹几个功能盒子,趣味性十足,同时在功能上以曲线主体为转换空间。几个小盒子分开布置,在立面上用格栅进行统一,最终形成富有趣味性和设计感的建筑作品。

案例 3

用纸：
1# 拷贝纸

工具：
14B 铅笔

用时：
6 小时

作者：
沈涛

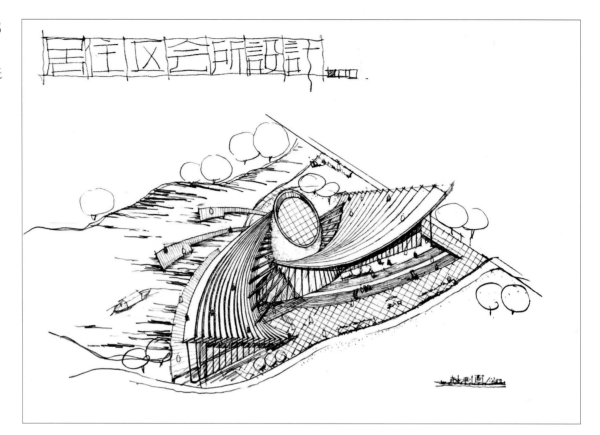

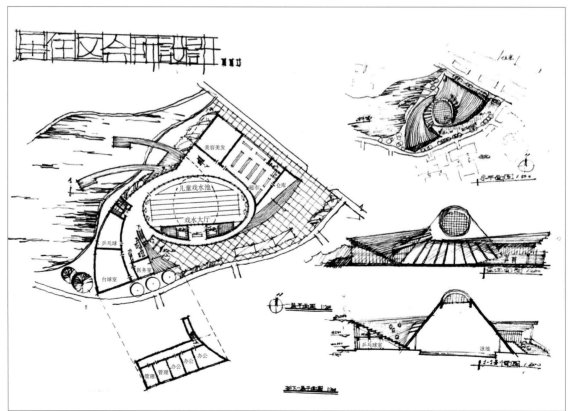

赏析： 该方案最大的亮点是在形体设计上与地形契合度很高，该任务书的难点在于基地形状较为复杂，且建筑功能设计含有泳池等大空间，因此其功能空间排布是难点。而该方案既能够解决功能分区，又做到了形体造型的舒展以及建筑性格的显著，是一个优秀快题。

案例 4

用纸:
1# 拷贝纸
工具:
14B 铅笔
用时:
6 小时
作者:
马致远

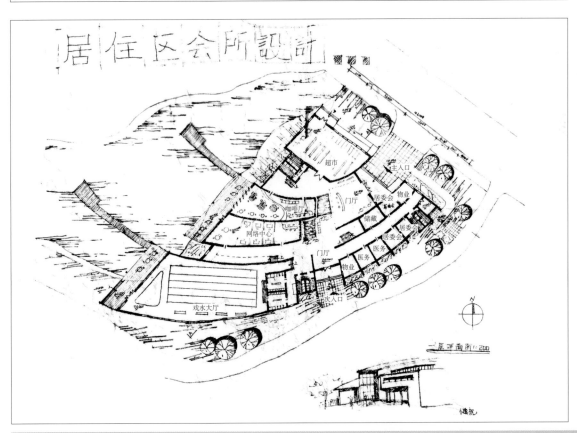

　　赏析:该方案在形体的设计上非常考究,采用三条连续的弧形形体将原有的地形巧妙地切割处理,既能够利用场地局促的空间,同时还能够根据不同的体块来进行功能分区的划分。在平面空间的设计上,疏密有致,分区合理。通过滨水面的灰空间来丰富形体,造型手法简练。

题目 11：山地会所设计

一、项目概况

基地位于某市紫金山南麓，琵琶湖公园景区内，为提升整体观环境，并能进一步方便和服务市民，现拟建山地会所一处，总建筑面积不超过 2200m²，该地块北面为紫金山风景区，山上绿树丛生；西南面为琵琶湖，视野开敞，湖面被一座景观桥分成大、小两片水面，湖岸遍植植物，景观甚佳；东南面散落着一层的小尺度建筑。地块北面道路北通紫金山风景区，南接城市道路。

二、设计内容

1. 娱乐活动区

（1）健身房（台球、器械、乒乓球、休息）：100m²。

（2）小型游泳池。

（3）棋牌室：30m²。

（4）书房：50m²。

（5）放映室：30m²。

（6）桑拿房、SPA 间、卫生间：35m²。

2. 餐饮活动区

（1）餐厅：100m²。

（2）包间：大包间（1 个）45m²；小包间（1 个）35m²。

（3）厨房：150m²。

（4）吧台和酒窖：35m²。

3. 公共区域

（1）大堂（含休息区）：100m²。

（2）会议：大会议室（1 个）70m²；小会议室（1 个）40m²。

4. 辅助服务区

（1）总服务台及前办公室：40m²。

（2）储存间：30m²。

（3）设备间：30m²。

（4）工人房：15m²。

（5）洗衣房：20m²。

（6）四车位库室外临时停车位若干。

5. 住宿区

（1）精品标准客房（10 间）：40m²/间。

（2）精品套房（1 间）：80m²/间。

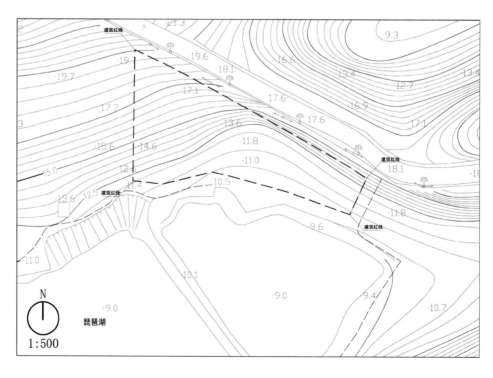

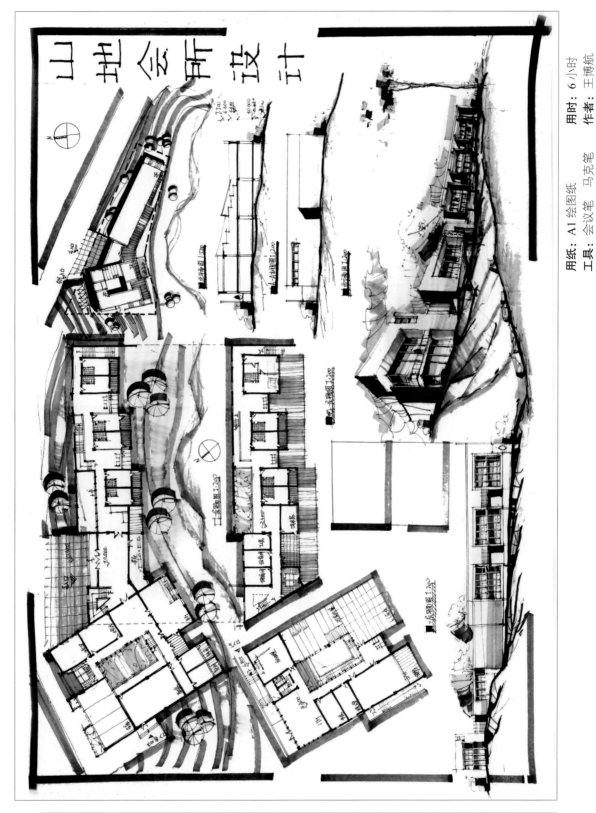

用纸：A1 绘图纸　　用时：6小时
工具：会议笔　马克笔　作者：王博航

案例 1

赏析：该方案富有张力，表达清晰富有张力，功能合理舒展，是一个非常轻盈有灵性的设计。建筑轻轻落在山地上面朝湖景，场地和建筑的契合感非常舒服，平面布置简洁，富有变化，空间体验多变富有趣味，形体统一，运用相似的手法，入将有韵律感的代表建筑形象很好地诠释了出来。

案例 2

用纸：
　1# 拷贝纸
工具：
　14B 铅笔
用时：
　6 小时
作者：
　王晨

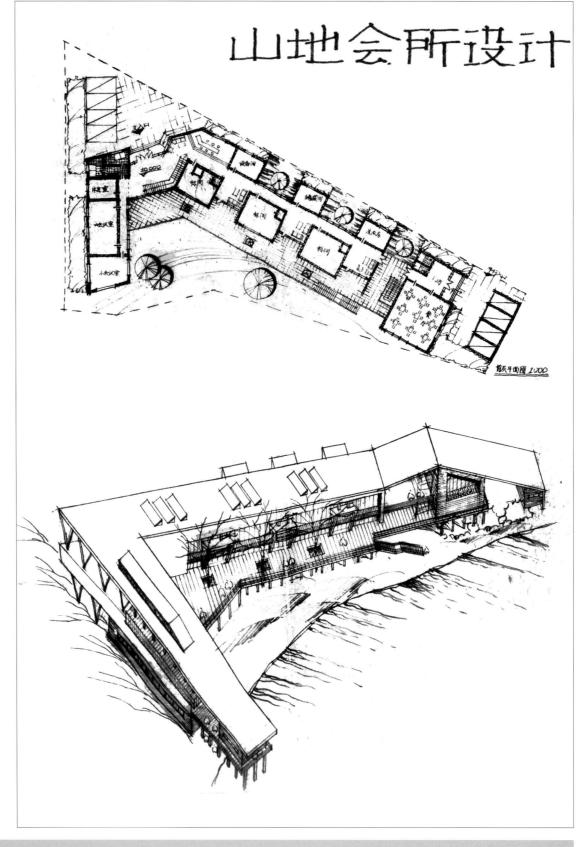

赏析： 该方案整体感非常好，平面设计十分简洁明了、毫不拖沓，顺应山地地形，从形体上做了几道叠放，扣住整个建筑，立面处理用统一的手法控制住建筑性格，大胆运用了几道异性柱增加了山地建筑的活泼性，很帅气。图纸的表达采用白纸黑绘，光影清晰。

题目 12：城市休闲会所设计

一、项目概况

项目基地位于北方某海滨旅游城市的开放公园中。拟在该地块建一个城市休闲会所，开展群众社会活动。并为市民和游客提供休闲聚会的公共空间，同时成为城市的特色景点。

项目建设范围呈不规则条形，总用地范围为 8400m²。建设范围整体划分为东、西（A、B 地块）两部分，基地北面为绿植乔木林，南面和东面均为公园海面，景色非常优美。A 地块为缓坡地带，面积为 4200m²，地块总高差为 6m，南临海面，北临带形绿植景观。B 地块整体平整，面积也为 4200m²，但场地内有三组突出岩礁景观，岩礁高度均小于 3m，南面和东面均临海。建筑可以在 A 或 B 地块进行选择设计，范围如地形图红线范围内，因在公园内，故不做退线要求。基地内为 10m×10m 方格网方便定位。

二、设计内容

该文化活动中心的总建筑面积控制在 4000m² 左右，误差不得超过 ±5%。具体的功能组成和面积的分配如下（以下面积均为建筑面积）：

1. 休闲活动

（1）游泳池：面积自定，结合 SPA 间，并做更衣间、淋浴房，可结合特色空间塑造。

（2）器械健身房：120m²，主要用作放置健身器材。

（3）台球室：90~120m²，可放置 3~4 张球台。

（4）多功能厅：300m²，进行娱乐汇演，并能够布置下一个羽毛球场地。

（5）棋牌室：120m²，可分成 3 个房间。

（6）阅览室：150m²，放置开架阅览，书库等。

（7）网络中心：80m²，结合休闲游戏设施。

（8）洽谈室：100m²，每个 25m²，共四个。

2. 餐饮服务

（1）大餐厅：200m²，中西餐均可，要求布置桌椅和吧台。

（2）包房：120m²，每个 30m²，共四个，设独立卫生间。

（3）厨房：150m²，要求做简易分割，并最好布置好配套后院。

（4）咖啡厅：80~120m²，可单独设立，亦可结合大堂或特色空间进行布置，要求布置桌椅和吧台位置。

3. 酒店客房

（1）标准间：30m²×8 间。

（2）大床间：30m²×12 间。

（3）商务套间：60m²×2 间。

（4）酒店服务：30m²×2 间。

4. 办公管理

（1）办公室：150m²，一共 6 间，每间 25m²。

（2）接待室：50m²，一共 1 间。

（3）小会议室：50m²，一共 1 间。

（4）理疗室、保健室、药剂室、值班室：总面积约 80m²。

5. 特色空间

该空间可以由考生根据设计意图自行确定，以突出海滨城市休闲会所的空间特质，其功能既可以是与整体建筑功能相协调的独立功能，也可以是任务书中已有功能的扩大。A 地块与 B 地块的特色空间塑造要根据选择地块的不同特征进行塑造，面积根据设计理念自行定夺。

6. 公共空间

含问询处、展览空间、商品展卖销售、门卫保安等会所建筑固有功能，以及门厅、楼梯、电梯、走廊、卫生间、休息厅等公共空间及交通空间，各部分的面积分配及位置安排由考生按方案的构思进行处理。

三、设计要求

（1）方案要求功能分区合理，交通流线清晰、并符合有关国家的设计规范和标准。

（2）所建休闲会所的建筑可在 A 地块或 B 地块进行选择，所建位置由考生在项目建设范围内自行确定。

（3）建筑形象要与环境协调融合，并尽可能营造出富有建筑性格的标志性特色建筑，建筑层数限高 3 层，结构形式不限。

（4）设计要尽可能保留海滨原有水面和岩礁，但要将水面作为空间元素利用到设计中，且岩礁景观均小于一层，二层可以覆盖。

（5）本项目要求设置游客停车位 8 个，办公停车位 4 个。

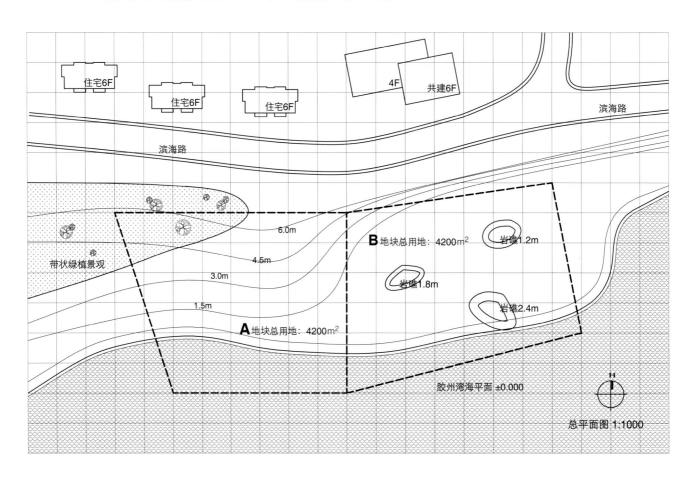

案例1

用纸：
1# 拷贝纸
工具：
14B 铅笔
用时：
6 小时
作者：
王琛 沈涛

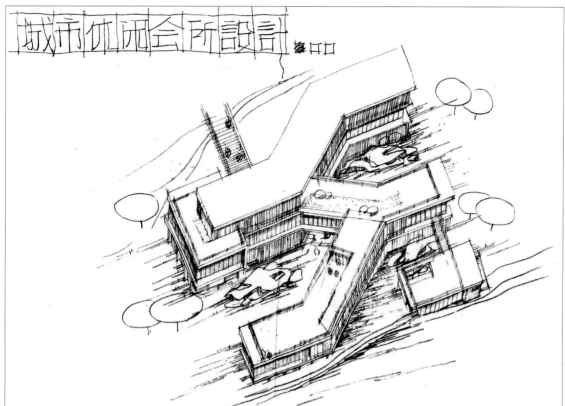

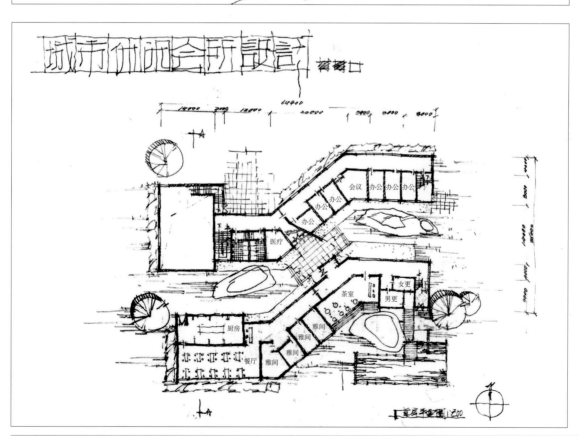

赏析： 该方案通过将三块礁石分隔的基地整合成条形展开的叠加形体，呼应了不规则地形并利用条形的体量将所有的重要房间均面向景观。形体的扭转结合地形现状，通过不同方向的条形围合成为礁石院落。设计还利用了体量形成搭接和错叠，形成丰富的可上人屋面。手法清晰自然，浑然天成，非常值得考研的小伙伴学习！

183

案例 2

用纸：
1# 拷贝纸

工具：
14B 铅笔

用时：
6 小时

作者：
王琛

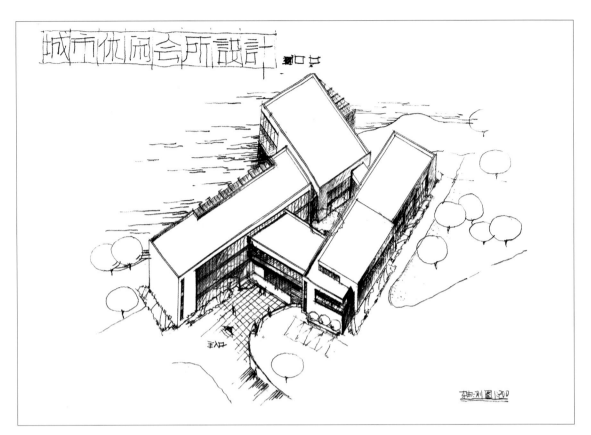

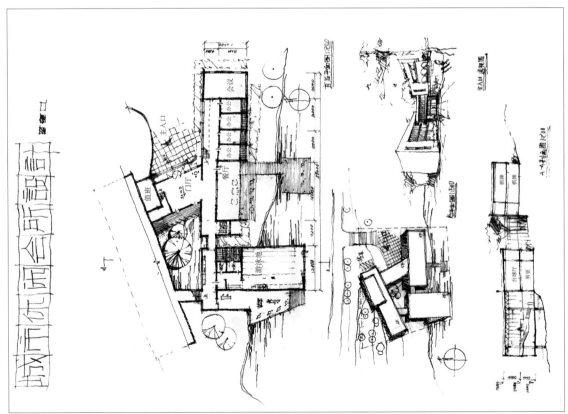

赏析： 该方案结合地形做了高低层设计，充分地利用地形；整体体块的组合采用风车型布局，简洁明确。对景观的利用达到最大化，并且将部分形体悬挑于景观面之上，巧妙利用景观且解决场地局促的问题。注重对入口空间的营造，形成场所感和吸入感。该快题采用铅笔表达，图纸严谨充实，适合临摹。

案例3

用纸：
1# 拷贝纸
工具：
14B 铅笔
用时：
6 小时
作者：
江林燕

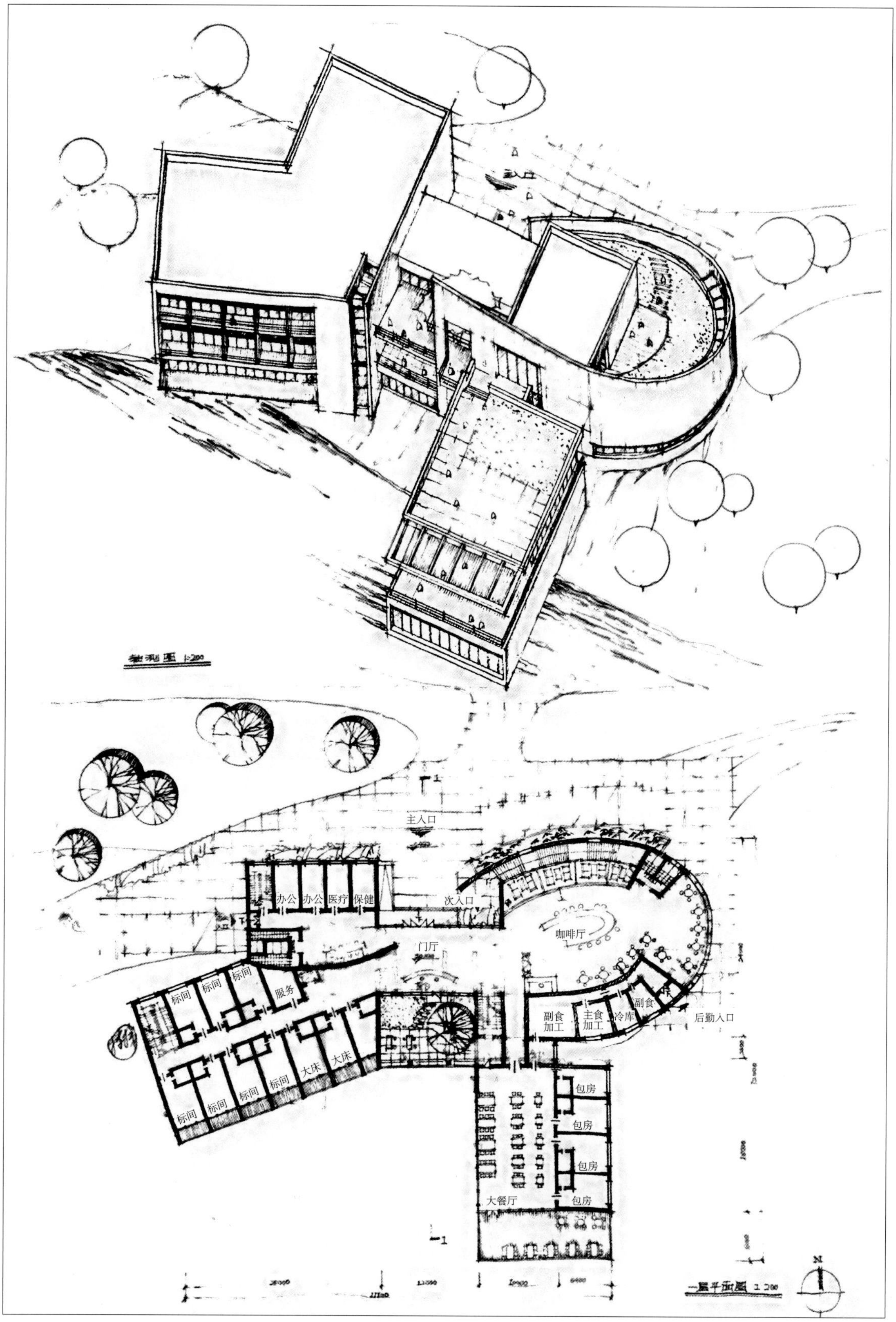

轴测图 1:200

主入口

办公 办公 医疗 保健

次入口

门厅

标间 标间

服务

标间 标间 标间 大床 大床

标间

咖啡厅

副食加工 主食加工 冷库 副食

后勤入口

包房
包房
包房
包房

大餐厅

一层平面图 1:200

赏析： 该方案选择了 A 地块，整个设计的完成度非常高！作者将活动空间置于门厅一侧的椭圆形体量中，对整个构图形成了强烈的统帅和美感。门厅横向展开，一侧联系住宿部分，一侧联系活动部分，做到了功能分区明确，流线清晰便捷。总图、平面图和轴测图的统一性表达十分到位！

案例4

用纸：
1# 拷贝纸

工具：
14B 铅笔

用时：
6 小时

作者：
王婷

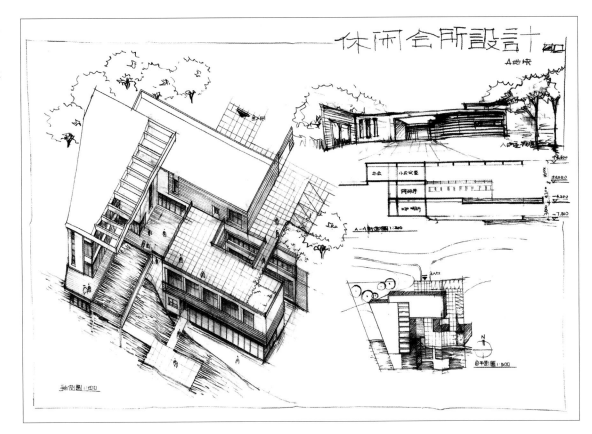

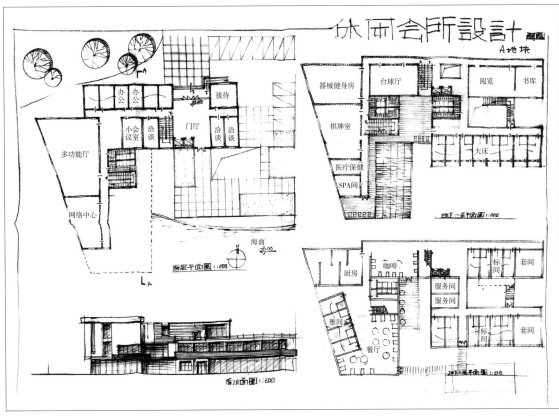

赏析：本方案平面功能合理，在坡地处理上十分巧妙——将坡地与屋顶平台相结合，空间活跃度极高。深檐的处理手法体现出鲜明的海滨建筑特点。整体立面推敲比例合理，虚实对比强烈，有极强的光影感，可谓一个很好的海滨会所设计。

案例 5

用纸：
1# 拷贝纸
工具：
14B 铅笔
用时：
6 小时
作者：
谷成林

城市休闲会所设计

室外活动

室外就餐

胶州湾海面

入口效果

庭院效果

网络　棋牌　厨房　多功能厅　休息　门厅

赏析： 以两个简洁的 "L 形" 形体组合对场地进行了合理的划分，并营造出不同的场所空间。对礁石的处理采取三种不同的手法，以达到不同的空间感受。半开敞式庭院将海景最大化渗透，激活整个庭院空间，观海效果极佳。该图纸表达清晰准确，光影丰富，是临摹的范图。

4.3 文化教育类建筑

题目 13：幼儿园建筑设计

在北方（寒冷地区）某小区需设计一所全日制幼儿园，具体设计要求如下：

1. 总体要求

功能合理，流线清晰，考虑幼儿的生理、心理特点，与周边环境相和谐。

2. 总建筑面积及高度

3000m²，幼儿活动用房不超过 2 层，其他不超过 3 层。

3. 规模

7 个班（大、中、小班各 2 个，托儿班 1 个）。

4. 功能空间

（1）各幼儿班级（活动单元）要求。

幼儿活动室：幼儿活动、教学空间，每间面积 60m²，必须保证自然采光和充分的日照（南向最佳，东、西次之）和自然通风。

幼儿寝室：幼儿午休空间，每间面积 60m²，应有良好的自然采光与通风。

卫生间：供幼儿使用，每班至少 5 个蹲位 [每个尺寸 800mm×700mm（长 × 宽）]，5 个小便器，不用男女分设，尽量考虑自然采光和通风。

储藏间：主要为幼儿衣帽存放，10m²。

（2）音体活动室：共 1 间，面积为 120m²，音体活动室的位置宜与幼儿活动用房联系便捷，不应和办公、后勤用房混设。如单独设置，宜用连廊与主题建筑连通。

（3）办公部分：

办公室：60m²；

院长室：15m²；

会议、接待室：60m²；

医疗室：30m²，包括治疗室、观察室。

（4）后勤部分：

厨房：60m²；

库房：30m²。

（5）门厅：不少于 60m²，设晨检处。

5. 室外场地

每班应有相对独立的班级室外活动场地，面积不小于 60m²。

集中活动场地，其中设置 30m 跑道（6 道，每道宽度 0.6m）。

种植园地，不小于 150m²，应有较好的日照。

其他：幼儿园主入口应考虑留出家长等待空间，设置次入口供后勤使用。

案例 1

用纸：

1#拷贝纸

工具：

14B 铅笔

用时：

6 小时

作者：

祁金金

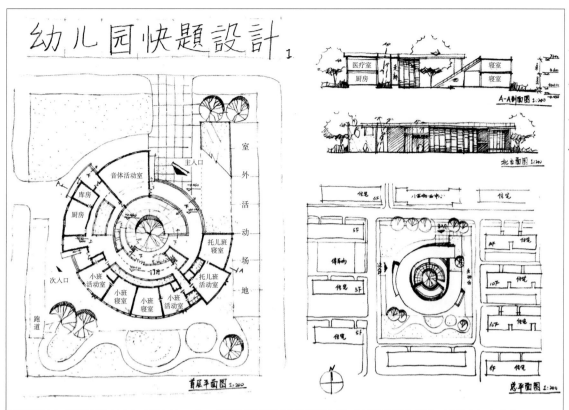

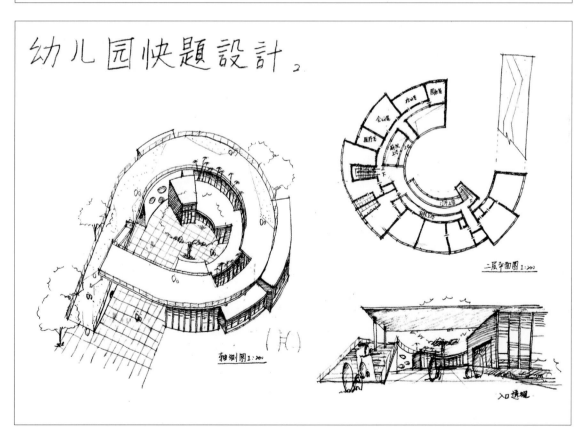

赏析：该方案非常巧妙地应用环形布置各个功能块，通过活动场地和景观的关系，使环形的建筑形式和方形的地块紧密结合。该方案通过环形的布置，使中心庭院形成强烈的引导性和标志性。通过引入直通屋顶的坡道，将建筑和活动场地结合起来，利用有限的基地，为孩子们创造最多的活动场所。该设计平面功能分区合理，各活动室均有良好的朝向。

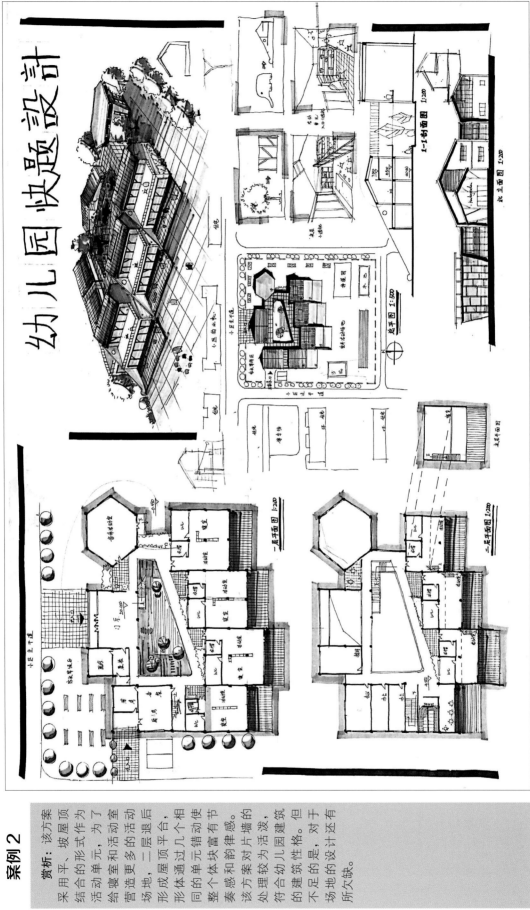

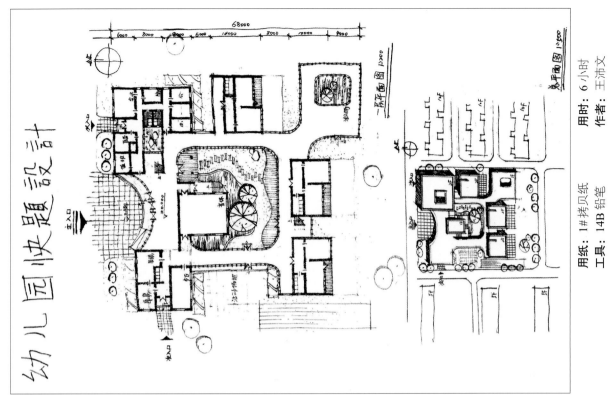

幼儿园快题设计

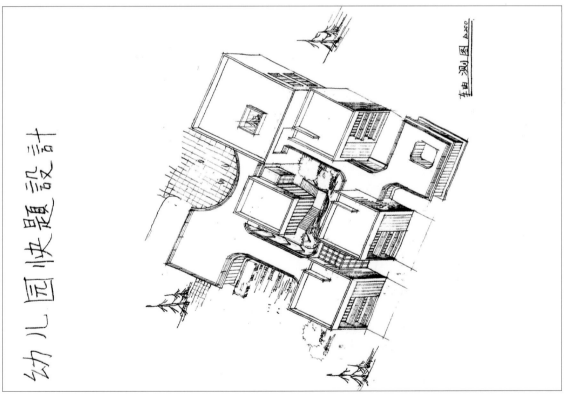

幼儿园快题设计

用时: 6 小时
作者: 王沛文

用纸: 1#拷贝纸
工具: 14B 铅笔

案例 3

　　赏析: 该方案采用较为自由的平面形式进行布局, 用一个较为自由的形体连接几个规整的体块, 将活动场地设置与建筑内部, 与活动单元相邻, 形成特色空间, 构思巧妙且大胆。建筑体块较为自由, 将每一个单元采用弧形元素进行链接, 符合幼儿园建筑性格。

题目 14：社区活动中心设计

一、项目概况

某住宅在建设过程中，为了完善配套工程，决定建造一座社区综合服务楼，以便为居民提供相应的服务。

用地位于小区入口附近，南侧和西侧为小区道路，东侧为绿化坡地，北侧邻水面，东北方向坡脚处有一景观亭。建筑应充分利用自然条件，与环境紧密结合。

规划建筑退让西侧道路红线不得小于 5m，退让南侧道路红线不得小于 8m，退让北侧水岸不得小于 5m。总建筑面积 1300m²，允许 5% 的增减幅度，建筑物按 2 层设计，高度不超过 9m。

二、设计内容

（1）商店（便利超市）：200m²。

（2）卫生站：诊室为 18m²，保健室为 18m²，咨询室为 18m²，办公室为 18m²。

（3）老人活动站：交谊厅为 72m²，活动室为 36m²，麻将室为 36m²，棋牌室为 36m²，茶室为 72m²。

（4）文化站：书画室为 54m²，电子阅览室为 36m²，报刊阅览室为 54m²。

（5）体育活动：健身房为 36m²，乒乓球室为 72m²，桌球室为 72m²，游艺室为 36m²。

（6）物业管理：办公室为 15m²×2，财务室为 15m²，保安室为 15m²。

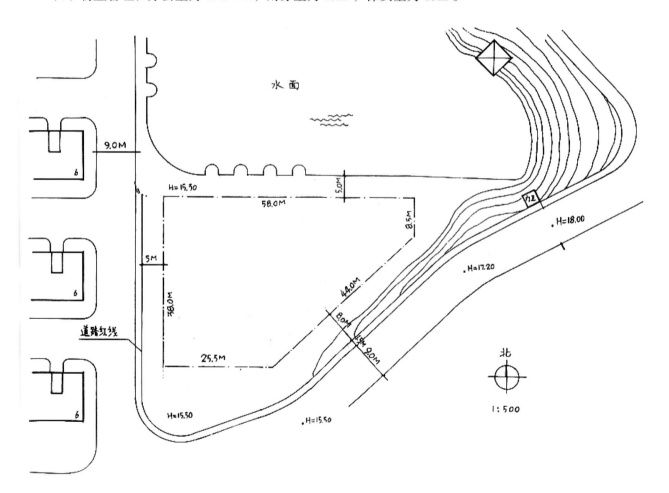

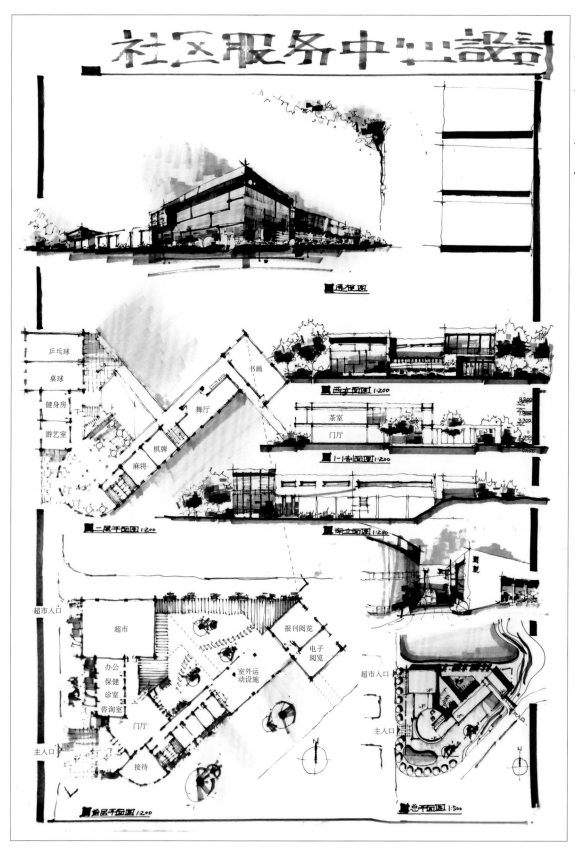

案例 1

用纸：
　A1 绘图纸
工具：
　会议笔
　马克笔
用时：
　6 小时
作者：
　侯佳男

　　赏析： 形体顺应地形婉转变化十分丰富，体量杂而不乱逻辑性很强，功能和流线的布置十分成熟，是一个很有体验感的设计，方案流线清晰、可达性强。整体构图也很有设计感，梳密结合，而且大胆用了蓝紫色，整个设计图非常张扬，建筑性格很明确。

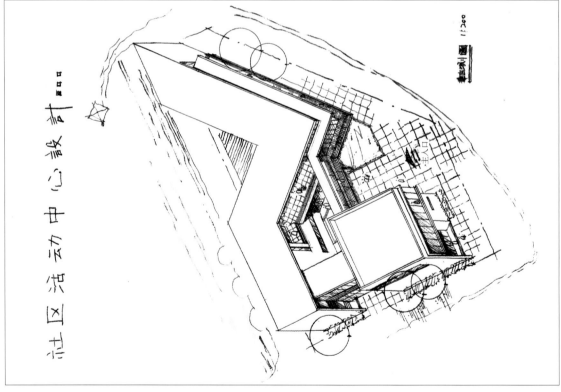

用纸：2#拷贝纸　　用时：6小时

工具：14B铅笔　　作者：谷成林

社区活动中心设计

社区活动中心设计

案例 2

　赏析：此图最大的亮点是功能流线非常清晰、形体简洁有力。表达线条优美、清晰和肯定，潇洒地运用一个"大V"将功能串联起来，形体上用折板到屋顶一气呵成，同时又巧妙地通过灰空间的处理兼顾了各个方位的景色渗透，达到了景观的最大化利用，设计感很强，是一个优秀的方案。

案例 3

用纸:
2# 拷贝纸
工具:
14B 铅笔
用时:
6 小时
作者:
江林燕

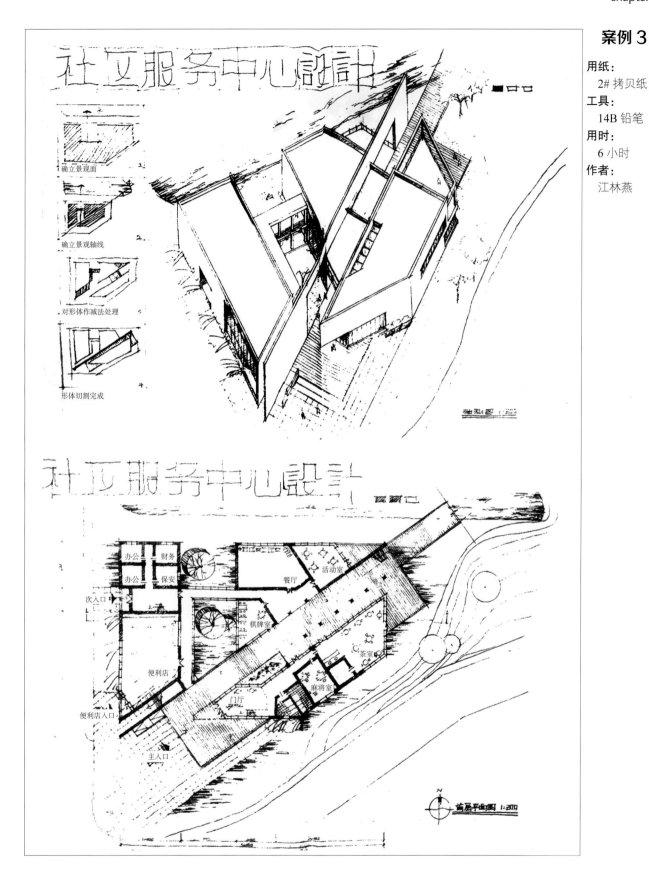

赏析: 该设计非常完美地诠释了复杂形体做流线的快题做法。建筑形体是一大亮点,顺应地形、呼应景观轴线的形体切割,巧妙地将建筑割裂开但不分散,分割手法类似于美国国家美术馆东馆。在平面上很好地兼顾了景观的渗透和体验。

题目 15：教工活动中心设计

一、项目概况

我国北方地区某高校为满足教工多方面业余活动的需要，拟在教工居住区内建设一座教工活动中心，用地形状及范围如附图所示。用地西部为现有教工食堂，东部转角处为一新建的书报亭，用地中部有一条原有步行道，设计时宜保留或略加改动，以方便居住区与北部教学区的便捷交通联系。总建筑面积控制在 2000m² （±5%），层数自定，室外要留出活动场地，并考虑自行车停放及较多的绿化面积。要注意建筑形体与周围环境的协调。

二、设计内容

（1）门厅（含值班、管理等）面积自定。

（2）展厅或展廊 100~150m²。

（3）报告厅（150座左右，软椅，附有音响控制室）面积自定。

（4）多功能厅（兼做舞厅、节目聚会等场所等）150~200m²。

（5）阅览室 60~80m²。

（6）音乐室 60~80m²。

（7）棋牌室 60~80m²。

（8）绘画室 60~80m²（分为两间，屋顶采光）。

（9）台球室 60~80m²。

（10）健身房 60~80m²（含更衣、淋浴）。

（11）茶室及小吃部 80~120m²。

（12）操作间 50~60m²。

（13）库房、管理、交通设施、卫生用房等面积自定。

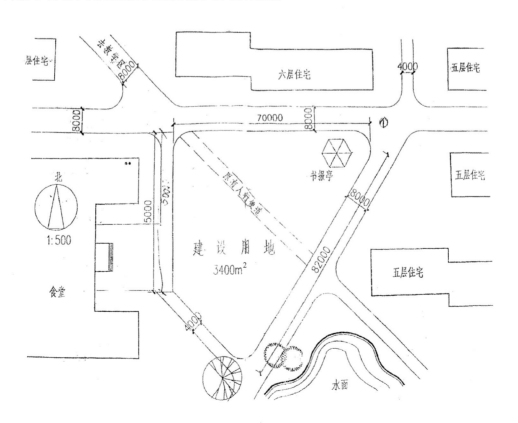

案例 1

用纸:
1# 拷贝纸

工具:
14B 铅笔

用时:
6 小时

作者:
马力国

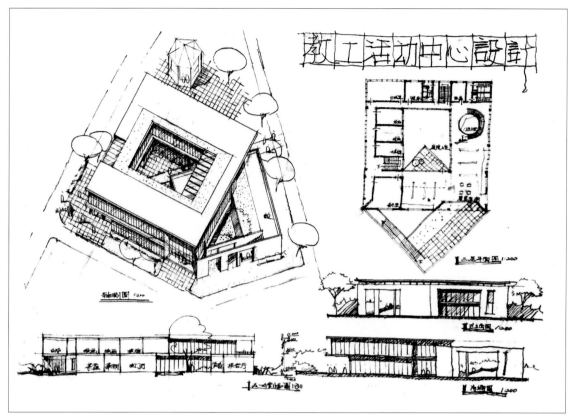

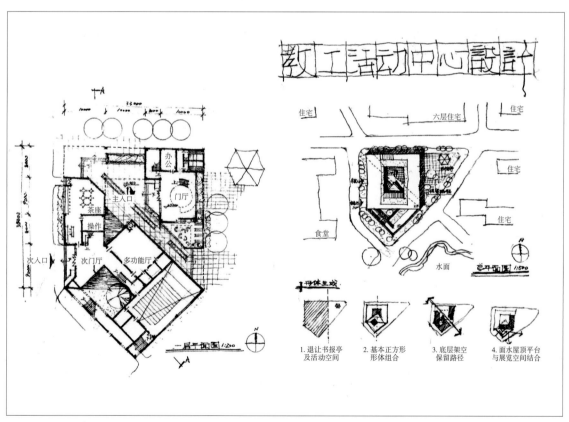

赏析: 该快题图纸表达清晰准确且丰富,形体组合采用两个正方形体块进行扭转、咬合,增加了建筑内部空间和外部空间的趣味性。在立面设计上采用流动的条形开窗,简洁明快。功能分区合理、流线清晰,大空间与小空间的组织富有逻辑性,是临摹的典范。

案例2

用纸：
　1# 拷贝纸
工具：
　14B 铅笔
用时：
　6 小时
作者：
　王琛

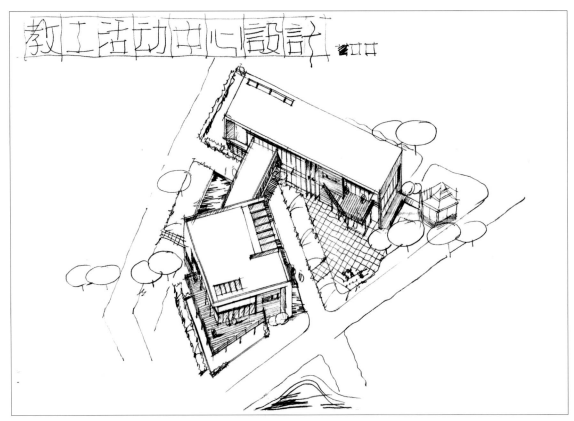

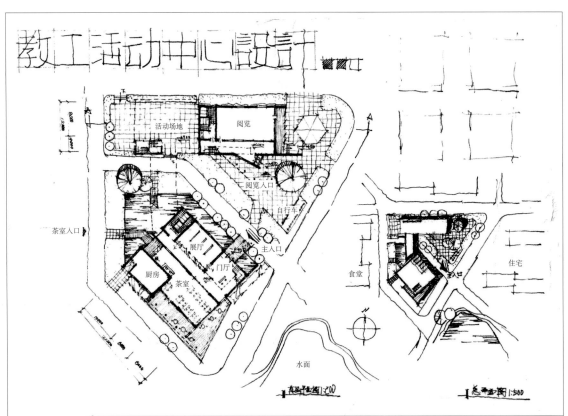

赏析：顺应被中间道路分割成两部分的地形，用最简单的手法解决了复杂的设计问题，以两个方盒子的扭转和廊接作为设计出发点，很好地解决了两部分功能分区的独立和联系，同时又形成开阔的前导空间。在入口、书报亭和景观面各留出一个开阔的场地，建筑与场地的呼应十分紧密，使教职工在活动中心中实现室内外的休闲和空间体验。

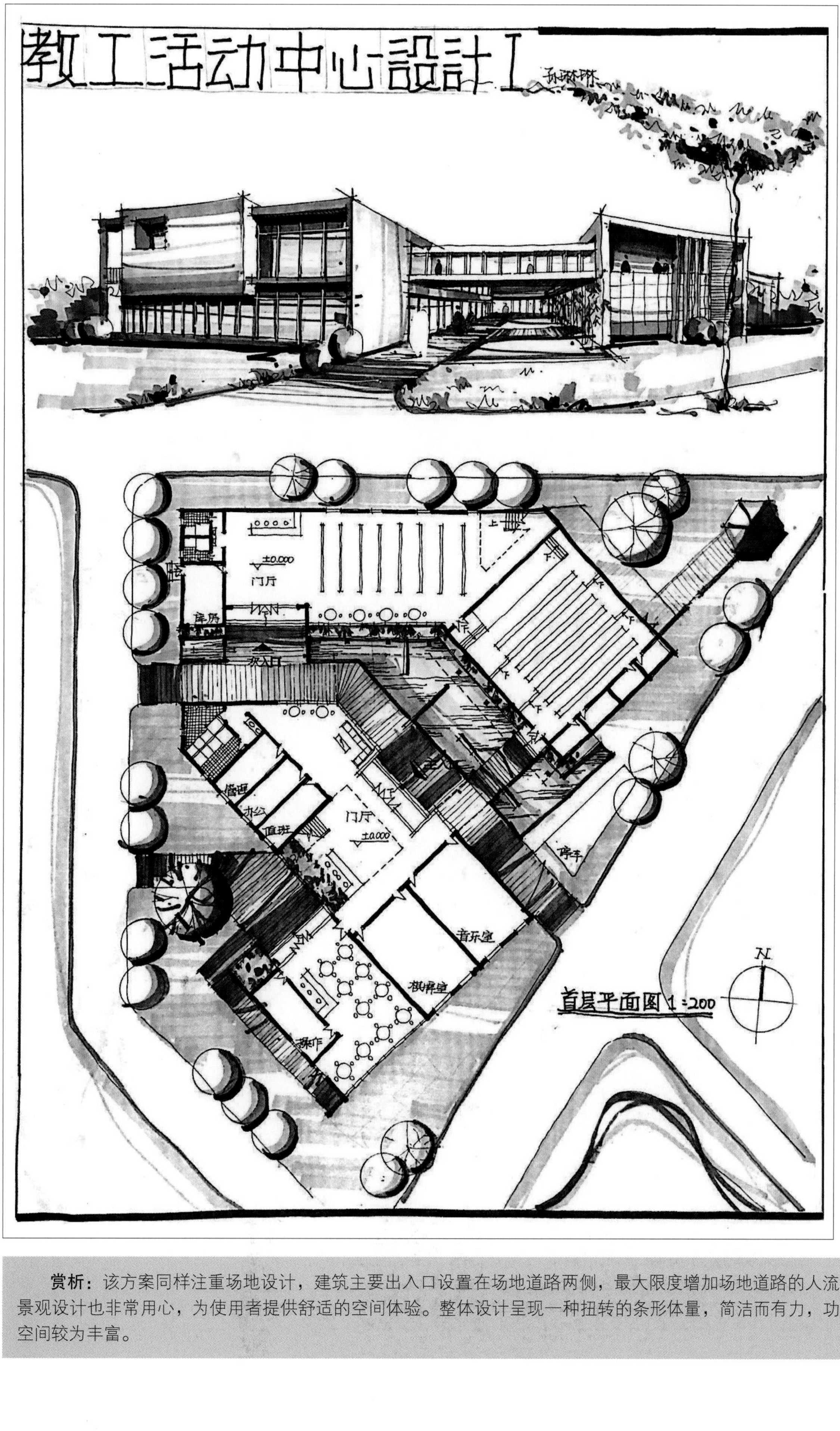

案例3

用纸：
A1 绘图纸
工具：
针管笔
马克笔
用时：
6 小时
作者：
孙琳琳

教工活动中心设计Ⅰ

孙琳琳

首层平面图 1:200

赏析： 该方案同样注重场地设计，建筑主要出入口设置在场地道路两侧，最大限度增加场地道路的人流吸引力。场地景观设计也非常用心，为使用者提供舒适的空间体验。整体设计呈现一种扭转的条形体量，简洁而有力，功能分区合理，空间较为丰富。

案例4

用纸：
1# 拷贝纸
工具：
14B 铅笔
用时：
6 小时
作者：
李新飞

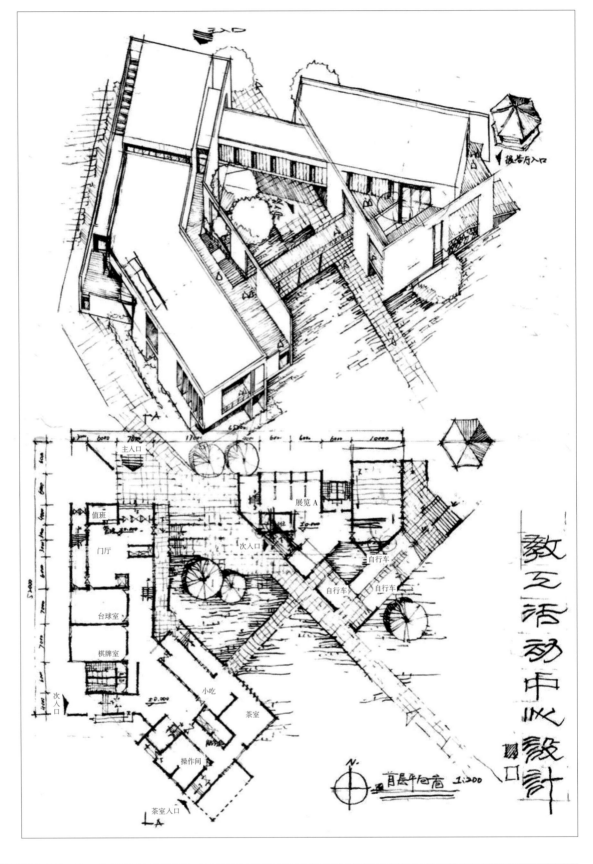

赏析：该方案依然尊重了原有道路的"可达性"，注重营造位于道路两侧的入口空间，轴测图体现的是不错的平台和片墙的结合设计，将室内外空间的渗透表达得比较到位，并且注重了建筑与现有湖面和书报亭的对景关系。

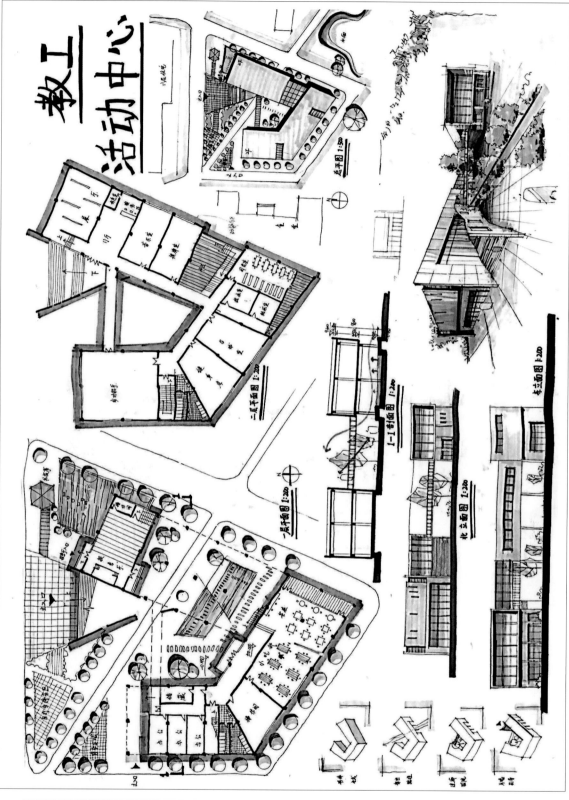

用纸：A1 马克纸　　用时：6 小时
工具：针管笔　马克笔　作者：未署名

案例 5

赏析：该方案
采用了底层架空
的手法，在不有改
变基地已有道路
形态的前提下设
计了一个整体关
联的体量，将报
告厅部分独立置
于基地道路一侧，
道路两侧让出了
足够的活动空间，
二层则采用一个
连续的体量将空
间进行串联、场
地策略和形体策
略清晰明确。

题目16：社区图书馆设计

一、项目概况

项目基地位于北方某城市的社区中。拟在该地块建一个社区图书馆，在宣传读书学习理念的同时，开展群众文化活动。并为市民提供阅读学习的公共空间。同时成为社区标志性建筑。其周边环境的航拍图已给出。

项目建设范围略呈梯形，建设用地面积为2246m²，地势平坦。东西边长32~48m，南北边长为52~60m。建设用地北侧为城市绿地，不作退线要求。建设用地的西侧和南侧均为居民区。其建筑退线各退用地红线3m；基地东侧是城市道路。其建筑退线退用地红线4.5m。图中各部分尺寸均已标出。

二、设计内容

该社区图书馆的总建筑面积控制在3000m²左右（误差不得超过±5%）。具体的功能组成和面积的分配如下（以下面积均为建筑面积）：

1. 阅览区域：约1110m²

（1）普通阅览区：740m²，功能应包括：文学艺术阅览室、期刊阅览室、多媒体阅览室、本地资料阅览室、科技资料阅览室、书库等。

（2）儿童阅览区：370m²，功能应包括：婴儿阅览室、儿童阅览室、多元资料阅览室、故事角、婴儿哺乳室、儿童卫生间等。

2. 社区活动：约440m²

（1）多功能厅：200m²，功能应包括：演讲和展览的功能。

（2）社区服务：240m²，功能应包括：多用途教室、文化教室、研讨室和学习室等，各部分功能的面积和数量自行确定。

3. 内部办公：约120m²

房间功能应包括：更衣室、义工室、会议室、办公室等，各部分房间功能的面积和数量自行确定。

4. 贮藏修复：约250m²

（1）贮藏室：100m²。

（2）修复室：150m²。

5. 公共空间：约1080m²

房间功能应包括接梯、卫生间、门厅、服务、存包、归还图书。信息查询，复印等公共空间及交通空间，各部分的面积分配及位置安排由考生按方案的构思进行处理。

三、设计要求

（1）方案要求功能分区合理，交通流线清晰，并符合有关国家的设计规范和标准。

（2）建设用地北侧的现状为绿地。注意原有居民对该地块的适应。

（3）建筑形式要和周边道路以及周围建筑相协调，以现代风格为主。

（4）建筑总层数不超过四层，其中地下不超过一层，结构形式不限。

（5）本项目不考虑设置读者停车位，但要考虑停车卸货的空间。

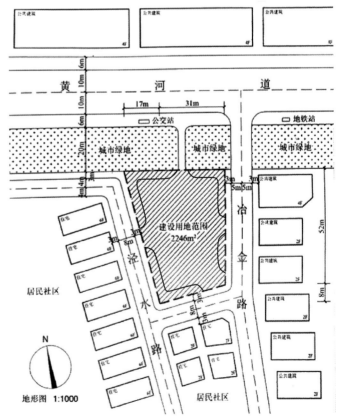

地形图 1:1000

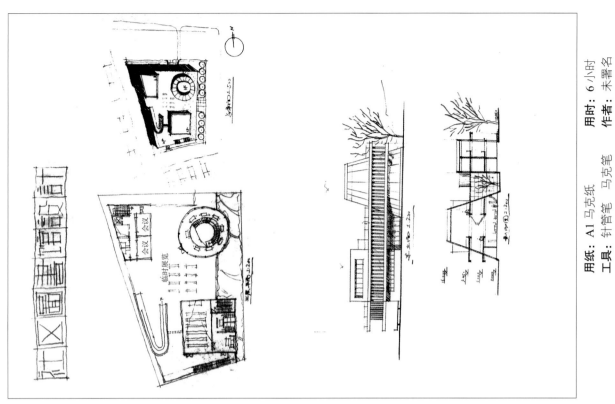

用纸：A1 马克纸　用时：6小时
工具：针管笔 马克笔　作者：未署名

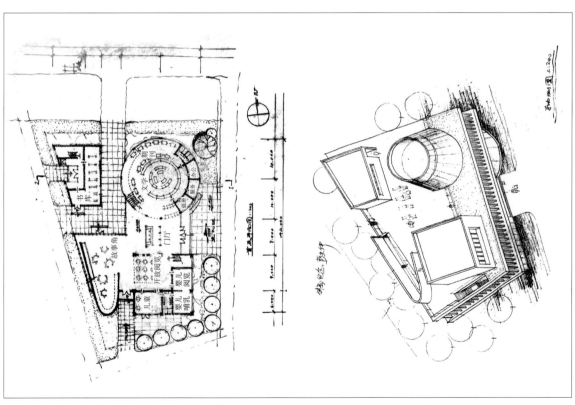

案例 1

用纸： 1#拷贝纸

工具： 14B铅笔

用时： 6小时

作者： 沈涛

赏析： 本设计采用了在平面上采用了加法，多处用来体现模糊空间来体现综合代图书馆的空间开放多性，十分丰富，形变比较大胆，用几个几何块的组合坐落于一个统一的形体之上，强调了图书馆的地标性，建筑性格丰常张扬，既有图书馆的文化气息，同时展现了典型现代建筑的风格。

案例2

用纸：
　1# 拷贝纸
工具：
　14B 铅笔
用时：
　6 小时
作者：
　王雨蒙

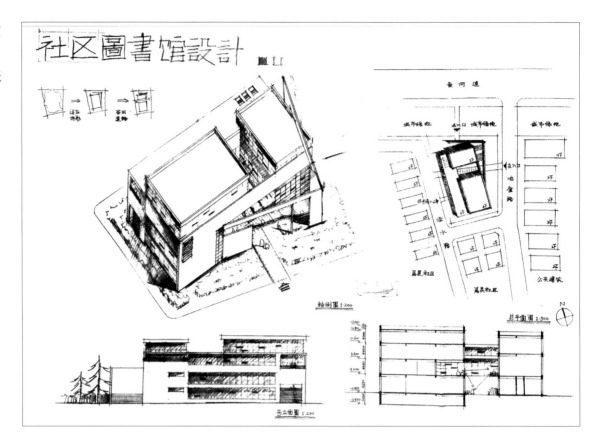

赏析： 在立面处理仅采用一种幕墙的处理（点缀部分陶板幕墙），解决了立面的开窗，手法巧妙，并在主要的形体外侧运用片墙处理，既能够呼应地形，又强化了建筑场所感。平面处理很成熟，主要用房与附属用房的空间特质表达得很充分，做到了"不用读文字就能读懂图"的深度。

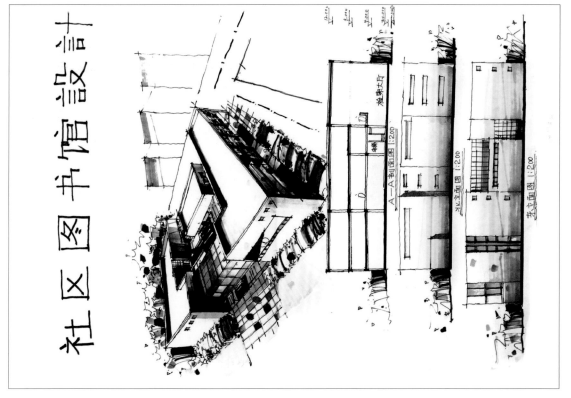

首层平面图1:200

总平面图1:200

A—A剖面图1:200

北立面图1:200

东立面图1:200

社区图书馆设计

用纸：A1绘图纸　　　用时：6小时

工具：会议笔　马克笔　　作者：未署名

案例 3

赏析： 采用了两个"L形"的拼接，这种手法非常巧妙，不仅留出了公交车下车的人流线，而且在建筑内部形成了内广场，成为建筑内部人员活动的区域。效果图符合图书馆建筑的建筑性格，利用传统手法咬合等手法进行处理。在主入口三层插入部足够的空间玻璃体块，下间具有强烈的引导性。

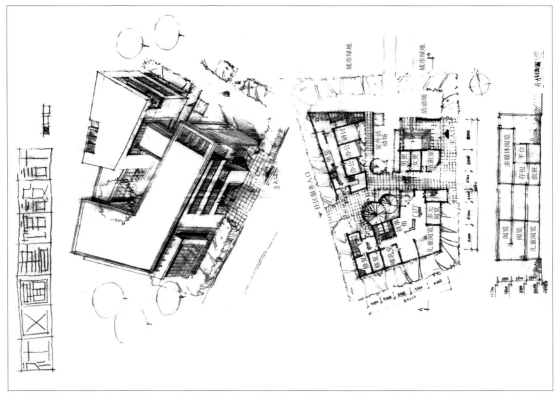

社区图书馆设计

用纸：1#拷贝纸　　用时：6小时
工具：14B铅笔　　作者：王琛

社区图书馆设计

案例 4

赏析：建筑性格与造型手法成熟，具有文化类建筑的特点，整体生成采用减法思维，仅用一种开窗形式，造型简洁，光影丰富！在流线空间的构思上，采用直接上二层的手法，在主入口二层做退台处理，同时在三层悬挑，自然形成富有引导性的主入口。

4.4 办公类建筑

题目 17：历史街区中的联合办公空间设计

项目基地位于某历史街区中，拟在该地块建一联合办公 (Co-working) 空间。满足小型公司的工作要求，联合办公是一种为降低办公室租赁成本而进行共享办公空间的办公形式，来自不同公司的个人在联合办公空间中共同工作，在特别设计和安排的办公空间中共享办公环境，彼此独立完成各自项目。办公者可与其他团队分享信息、知识、技能、想法和拓宽社交圈子等。

一、基地概况

项目基地位于某历史街区中，项目建设用地呈不规则形状，项目用地面积为5188m²。项目北侧临城市支路 A 路（道路红线宽 7m，要求后退道路红线 5m），南侧临城市支路 B 路（道路红线宽 7m，要求后退道路红线 5m），东侧接近城市支路 C 路（道路红线宽 6m）。联合办公建筑可以向南侧 B 路，北侧 A 路开口，因用地形状不规则，故图中采用 10m×10m 方格网定位。项目用地范围与周边环境的关系在图中均已标出尺寸。

二、设计内容

该项目要求设计联合办公建筑，该联合办公建筑层数两层，计划容纳 4 个小型公司开展业务，总建筑面积为 2700m²（误差不超过 ±5%），具体的功能组成和面积分配如下（以下面积数均为建筑面积）。

功能分区	功能	面积	数量	设计要求
办公区 1250m²	小型办公室	20m²/ 间	8	为经理室、财务室等相关功能
	员工办公区	≥ 200m²/ 间	4	开敞办公区每个办公区至少容纳 50 个工位
	企业展示区	200m²		需满足每个小型公司自身的宣传与展示需求
公共办公区 500m²	贵宾接待室	40m²/ 间	1	
	商务洽谈室	20m²/ 间	2	
	小型会议室	50m²/ 间	2	
	中型会议室	100m²/ 间	1	
	多功能厅	200m²/ 间	1	
	打印室	20m²/ 间	1	
休闲服务区 300m²	咖啡厅	100m²/ 间	1	
	图书吧	100m²/ 间	1	
	健身室	200m²/ 间	1	
其他 650m²	门厅、接待处、楼梯、走廊、卫生间、休息等公共及交通空间			各部分的面积分配及位置安排由考生按方案的构思进行处理
总计		2060m²		

三、设计要求

（1）建筑层数为两层，结构形式不限，方案要求功能分区合理，交通流线清晰，并符合国家有关设计规划和标准。

（2）项目位于历史街区之中，设计时重点考虑基地所在区域的自然环境与城市肌理，通过有效策略，对街区进行组织。同时，设计中还应充分利用基地中原有的自然要素以创造优美的办公环境。

（3）功能布局角度，需考虑联合办公方式的自身特点，既有利于各公司自身业务的独立开展，避免互相过度干扰，又能够促进企业间的沟通与共享。

（4）基地中的 6 棵树木必须予以保留，树的直径 6m，要求新建筑距离树干≥3m。

（5）关于办公楼的停车问题，在附近街区设有专用停车场，因此本项目可不考虑停车问题。

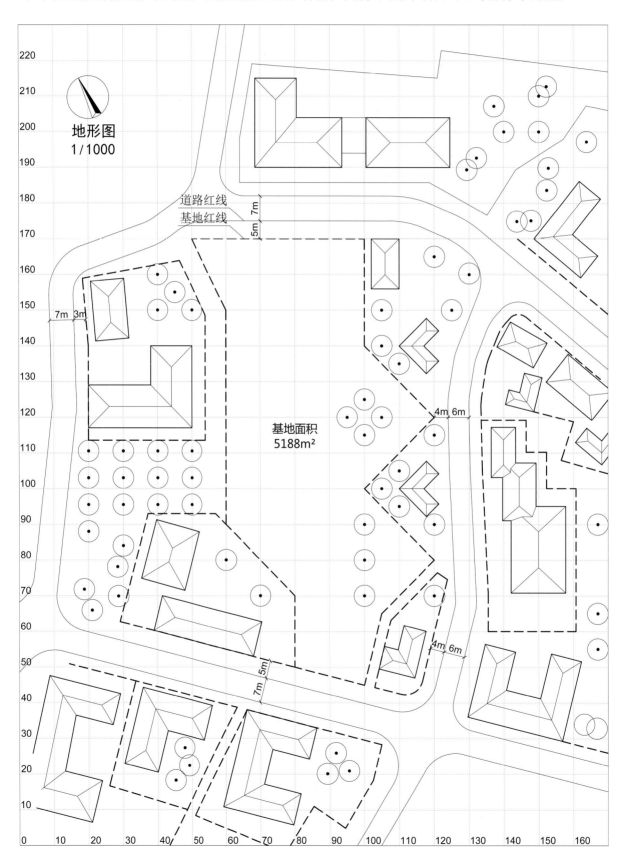

地形图
1/1000

道路红线
基地红线

基地面积
5188m²

案例 1

用纸：
1# 拷贝纸
工具：
14B 铅笔
用时：
6 小时
作者：
杨赟

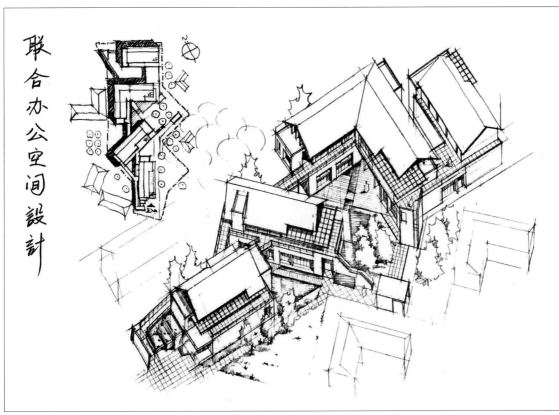

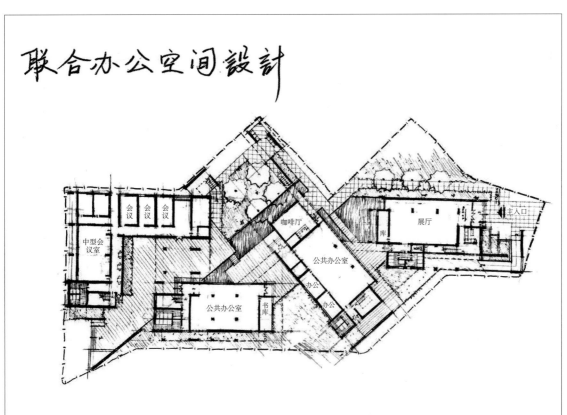

赏析： 该方案平面布局采用分散式，仅通过平台和灰空间连成整体，小体量的形体组合不仅呼应周边的城市肌理，而且符合联合办公建筑的独立与共享并存的理念。设计对基地内的保留古树也做到了视线和体验的景观最大化处理，室内外空间层次十分丰富。建筑造型采用了和周边相似的坡屋顶，立面简洁统一，刻画细腻，是一份不可多得的考场高分作品。

案例2

用纸：
　1# 拷贝纸
工具：
　14B 铅笔
用时：
　6 小时
作者：
　陈梦琦

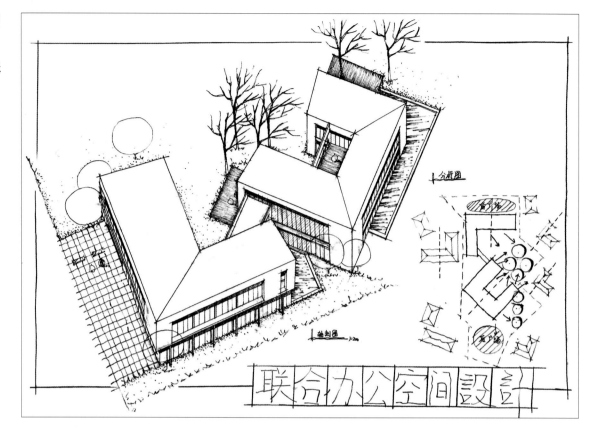

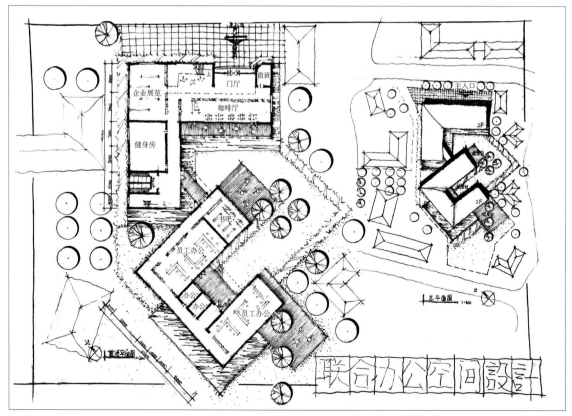

赏析： 该方案的形体排布十分规整而大胆，建筑围绕景观和红线被划分为两个相对独立单元，形体组织相对简单，而内部空间则进行了细致的划分，体现了十分强大的平面空间设计功底。整体采用单坡顶，增强了建筑的现代感，立面处理完整统一，完美诠释了"界面连续，成组成团"的城市设计思维。

4.5　医疗类建筑

题目18：某社区敬老院设计

一、项目概况

该敬老院位于北方某城市道路交叉口西南角，总建筑面积2500m²（误差不得超过±5%），项目总用地面积0.736hm²，其中水域面积0.081hm²。基地平坦规整，东西长101m，南北宽74m。其东侧幸福路为城市主干道，道路红线50m；北侧康平道道路红线25m，南临城市公园水面，图中各部尺寸均已标出。

建筑退线要求：临幸福路一侧设有15m宽城市绿化带，需后退城市绿线15m，临康平道一侧后退道路红线10m，其余西、南两面不作要求，建筑退线已在图中标出。

二、设计内容及面积指标

1. 住宿部分：合计约为800m²

（1）双人间（设独立卫生间、壁橱）：25m²×18间。

（2）单人间（设独立卫生间、壁橱）：25m²×10间。

（3）服务间：25m²，要求每层均设1处。

注：住宿部分若其南面有建筑物，应满足日照间距不小于1:1.61。

2. 公共部分：合计770m²

（1）多功能厅：200m²。

（2）棋牌室：30m²×3间。

（3）老年大学教室：60m²×2间。

（4）阅览室：60m²。

（5）展览室：60m²。

（6）餐厅及厨房：240m²。

3. 行政管理用房：合计220m²

（1）办公室：20m²×3间。

（2）接待室：20m²。

（3）值班室：20m²。

（4）医疗保健：20m²×2间。

（5）职工更衣室：20m²×2间。

（6）洗衣房：40m²，其室外空间应有足够的晾晒区域。

4. 其他部分：合计710m²。

例如门厅、楼梯、走廊、卫生间等，该部分的面积及位置由考生按方案的构思自行合理安排。

三、设计要求

（1）在总体布局中应注意主入口应考虑与城市道路的关系，并结合周边环境适当考虑视线景观效果，具有充足的日照、良好的通风。场地中应考虑消防通道，设停车泊位8个，并设有不少于400m²的室外集中活动场地。

（2）单体建筑层数不超过三层，结构形式为框架结构。

（3）为便于老年人行动，设计中应综合考虑坡道、电梯等无障碍设施、卫生间应有供轮椅回转的足够空间。

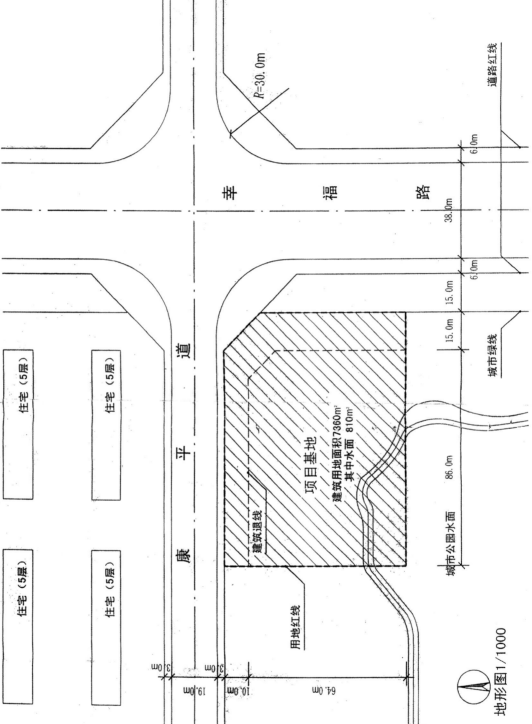

（4）首层平面必须注明两个方向的两道尺寸线，剖面图应注明室内外地坪，楼层及屋顶标高。

（5）在平面图中直接注明房间名称，有使用人数要求的房间应画出布置方式或座位区域。

（6）方案应功能分区合理，交通流线清晰，并符合国家有关设计规范和标准。

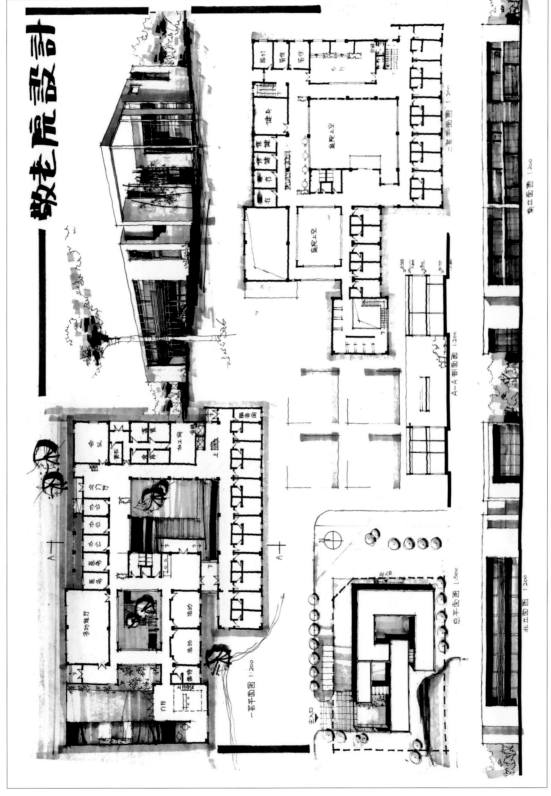

用纸：A1 绘图纸　　　用时：6小时
工具：针管笔　马克笔　作者：杨宇

案例 1

赏析：该方案，利用周边环境，做了完整的场地布置和合理的功能分区，建筑形体生成严谨而清晰，从形体的生成能够读懂建筑的空间组织。同时平面空间的属用者的角度把握了不同空间合关系，空间开合和开窗景空间组织丰富而有逻辑，使得景观渗透到建筑内部。该快题制图严谨，是临摹掌握的范图。

213

用纸：1#拷贝纸
工具：14B铅笔

用时：6小时
作者：李新飞

社区敬老院设计1

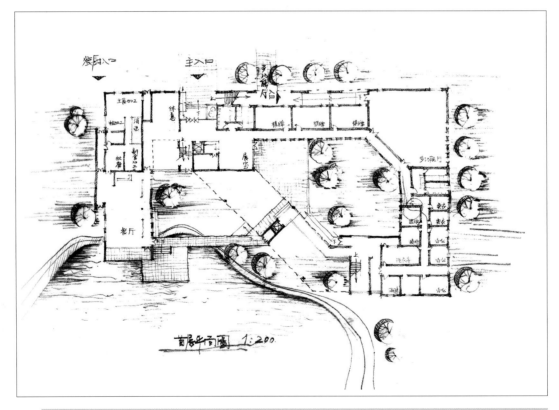

案例 2

赏析：该方案最大的特色在于形体设计和片墙的运用，形体通过犀利的转折塑造了大量灰空间，同时运用片墙形完整个建筑展示，很有冯展示才艺术研究中躁才艺术研究中心的味道，片墙与立面体的结合十分完美且立面处理得非常简洁。

题目 19：海滨疗养所设计

在我国北方滨海城市北戴河的沿海风景区，拟建造一所为建筑创作者提供短期休假或疗养的场所，规模为1400m²（面积上下浮动不超过5%，屋顶平台和室外亭廊不计入总面积内），层数不超过两层，结构形式不限。

建筑设计方案应满足在风景区设置的休憩与赏景相结合的公共活动室，并设置屋顶或者半屋顶平台，供观赏或者阳光浴使用，具体方案设计内容如下。

一、外部环境设计（见地形图）

应充分利用地形进行环境绿化，室外除了考虑必要的防火间距与通道，设置相应的场地与道路外，应以绿化为主，适当设置游廊与小品。可为观日出，休憩观海及听涛漫步等活动提供良好氛围。

二、建筑设计

共设置如下房间和参照面积指标：

（1）门厅：设置服务、小卖、会客等内容，约100m²。

（2）客房：设单间10套（含双人间、卫生间、贮藏柜），套间2套（含双人间、卫生间、贮藏柜）。

（3）服务、公共卫生、贮藏：约30m²，为客房服务所用。

（4）阅览（含小间书库）：约50m²。

（5）多功能厅：供文娱、录像等使用，约80m²。

（6）健身房：约30m²。

（7）日光室：约50m²。

（8）餐饮厅（含操作间，厨房及库房）：约80~100m²，设吧台，供冷热饮及用餐。

（9）理疗、保健、药剂、值班约50m²。

（10）办公、管理、贮藏共约50m²。

（11）其他活动面积设施走廊、厕所、露台等自行布置。

（12）车库：设生活用车及中巴合一车库，可与主体建筑脱开，不计入总建筑面积之内。

（13）洗衣房：约50m²，只在总平面中规划布置，不计入总面积之内。

（14）不采用集中空调。大空间室内设置空调柜，客房及小空间设置分体空调，外观注意室外机器的位置与处理，冬季由集中热源供热，干洗衣房内设热交换室，不另行设计。

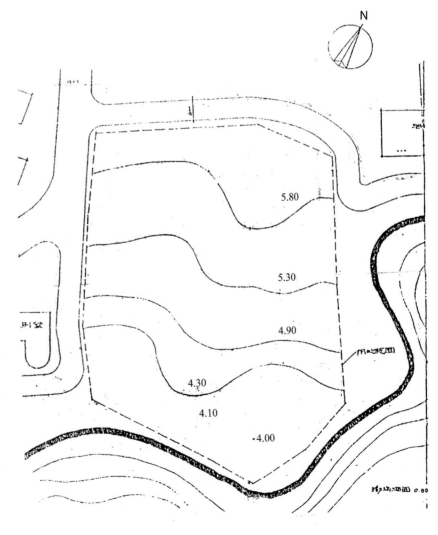

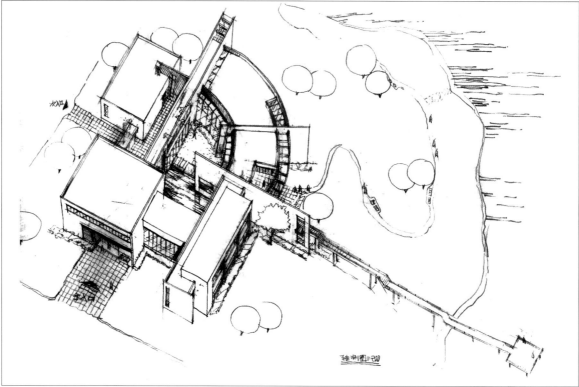

用纸：1#拷贝纸　　　用时：6小时
工具：14B铅笔　　　作者：王琛

案例1

赏析：本方案与场地契合度高，景观面空间塑造宛若钢琴音曲线，达到景观体优美，景观最大化。内部空间处理开合有致，在景观面引入灰空间处理，界面渗透景观，内庭院的空间富有休闲感的空间节点，塑造上创造富有休闲感的空间节点，主、次关系合理，形体组合采用十字形风车平面，并在临海一侧做出富有特色的观景栈道。

案例2

用纸：
1# 拷贝纸
工具：
炭笔（软）
用时：
6小时
作者：
张舒然

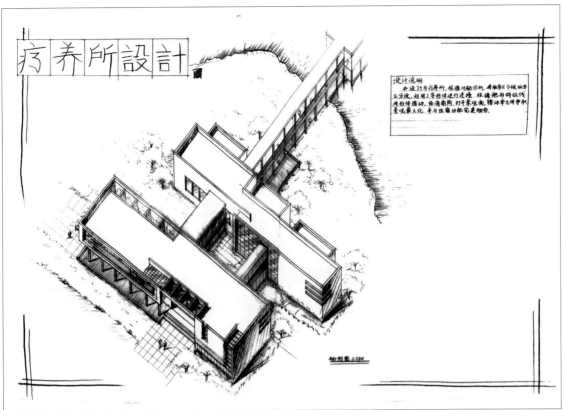

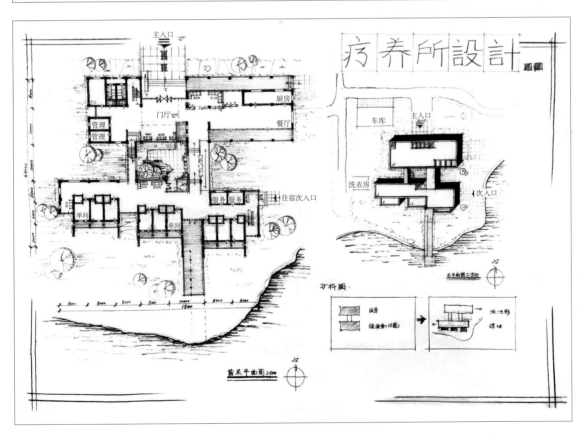

赏析： 该方案充分把主要精力放在工字形平面的变形，注重空间的引导性与停留感，空间层次丰富，充分结合地形地貌，考虑室内与室外与景观的关系，总平面具有美感，轴测图舒展而重点突出，是一个体现建筑素养的优秀快题设计。

4.6 改造类建筑

题目 20：建筑师之家设计

为适应建筑行业的发展需要，给建筑师及建筑院系的师生们提供一个休息、娱乐、学术交流的场所，以便加强建筑师之间业务上的联系、学术上的探讨和感情上的交流，从而提高建筑师的建筑创作水平。华北某市政府决定建造一座多功能的建筑行业俱乐部——"建筑师之家"。

一、基地

该工程拟建于华北某市一人工湖边约 4800m² 的地段内。地势基本平整，湖滨风景秀丽。地段内现有一单层工业厂房，要求改造利用。还有一棵古树，应予妥善保护。建筑物或室外小品可局部伸出湖面。地形图及原有建筑平立剖面详见附图。

二、设计内容

总建筑面积（包括改建在内）控制在 3500m²（增减不大于 10%）。

1. 活动部分

（1）学术报告厅为 200m²，设固定座椅。

（2）小型会议厅 2 个，每个为 30m²。

（3）多功能舞厅为 200m²。

（4）展览厅为 90m²，也可结合门厅、休息厅布置。

（5）活动室，包括：卡拉 OK、电子游戏、台球、乒乓球、棋牌、录像等，共 240m²。

（6）建筑信息资料室为 90m²。

（7）学习室 6~8 个，每个 12m²。

2. 餐饮部分

（1）大餐厅为 150m²，小餐厅 3~4 个，每个为 20m²，厨房为 200m²；

（2）快餐厅为 120m²（包括厨房在内）。

（3）咖啡酒吧及小卖部共 90m²。

3. 管理部分

值班室、办公室、医务室、更衣浴室、仓库共约为 200m²。

4. 其他

车库（4 辆），设备用房为 100m²。

三、设计要求

（1）功能合理，空间有趣，造型表现文化娱乐建筑的特点。

（2）现有建筑的合理改造利用（保留主要结构）。

（3）处理好建筑与自然环境的关系，注意室外的环境设计。

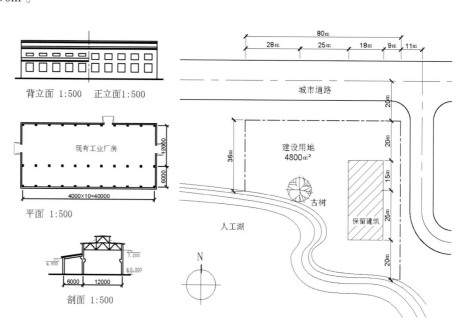

背立面 1:500　正立面 1:500

现有工业厂房

平面 1:500

剖面 1:500

城市道路

建设用地 4800m²

古树

人工湖

保留建筑

N

案例1

用纸：
1# 拷贝纸
工具：
14B 铅笔
用时：
6 小时
作者：
马力国

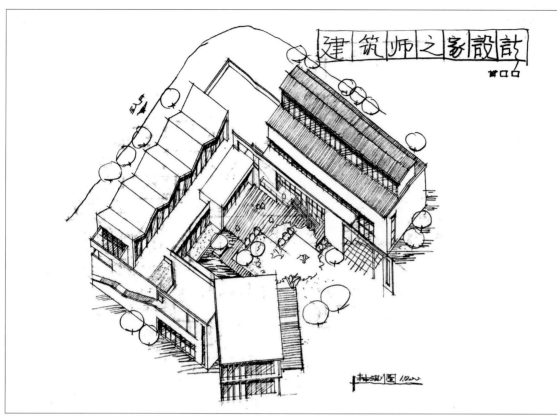

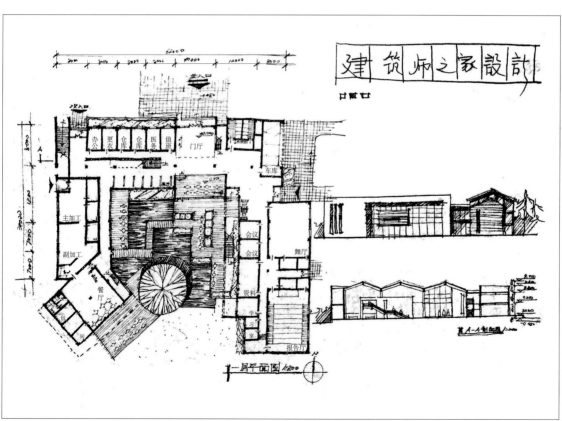

赏析： 本方案为工业建筑改建设计，建筑的新建部分与原有工业建筑衔接自然，在保留原有建筑结构的同时，做到了功能空间的张弛有度。在立面设计上，采用一种开窗形式结合灰空间设计，丰富了建筑的外立面。该设计图表达采用高度数铅笔，层次分明，线条洒脱。

案例 2

用纸：
　1# 拷贝纸
工具：
　14B 铅笔
用时：
　6 小时
作者：
　白时宇

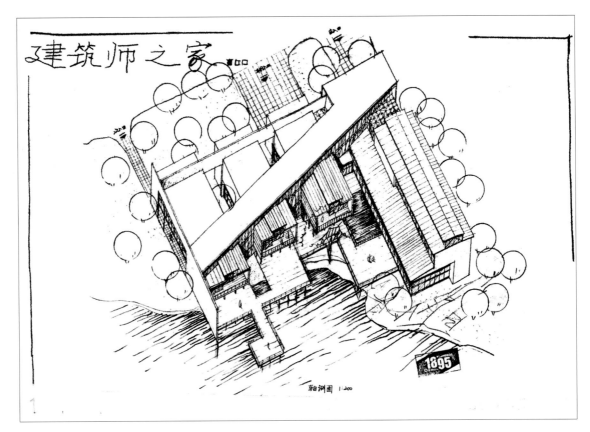

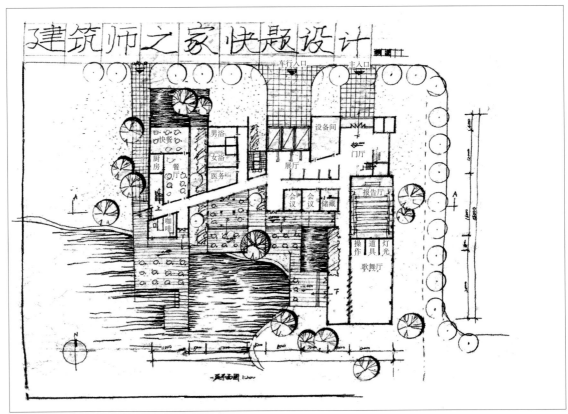

赏析：该方案平面设计功能和流线非常明确，虽然流线很简洁，但是建筑体验营造得很丰富，体现了敬老院建筑对老人活动的思考。形体设计上的虚实结合做得很到位，通过洞、窗、玻璃幕等几种对比手法营造了丰富多彩的建筑形象。

4.7 其他建筑快题设计赏析

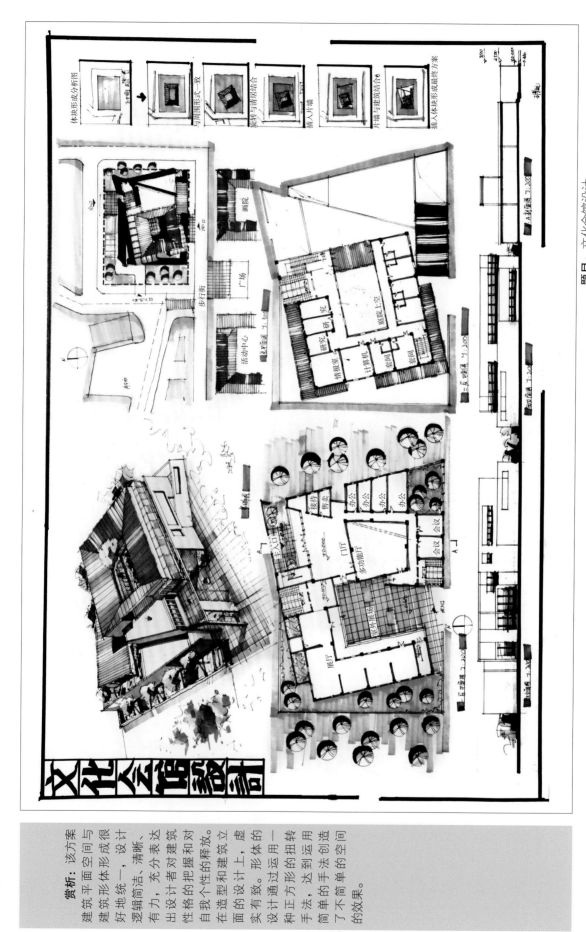

文化会馆设计

题目：文化会馆设计
用纸：A1 绘图纸　　　用时：6小时
工具：会议笔 马克笔　　作者：王博航

赏析： 该方案与建筑平面空间与建筑形体形成很好地统一，设计逻辑简洁、清晰有力，充分表达出设计者对建筑性格的把握和对自我个性的释放。在造型和建筑立面的设计上，虚实有致。形体的设计通过运用一种正方形的扭转手法，达到运用简单的手法创造了不简单的空间的效果。

题目：
艺术家纪念馆

用纸：
A2 绘图纸

工具：
会议笔
马克笔

用时：
6 小时

作者：
刘诗航

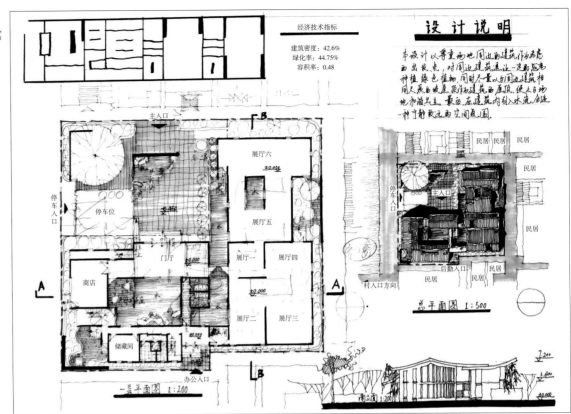

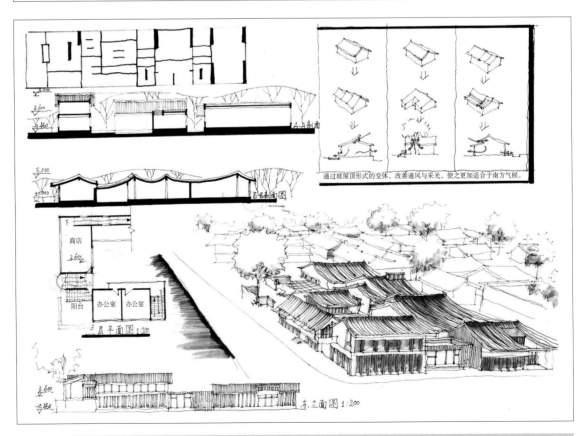

赏析： 清晰的表达、不寻常的方案、主入口部分既流动又停留，做到了两个空间层次，空间的处理非常自然，不断与场地界面进行模糊，做到了内部空间外部空间场地的和谐统一，激活了外部场地。虽然马克笔上色非常简洁，但是，该方案构成感很强，与场地契合度高，是一份高水平快题。

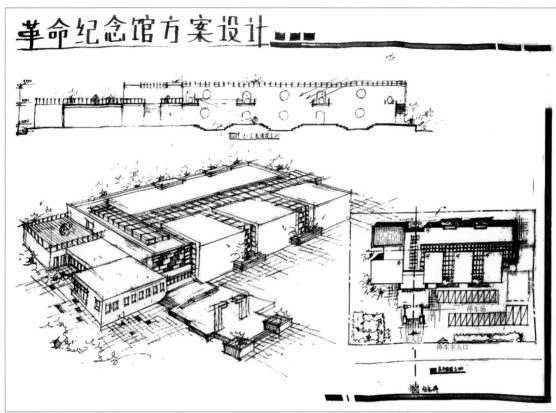

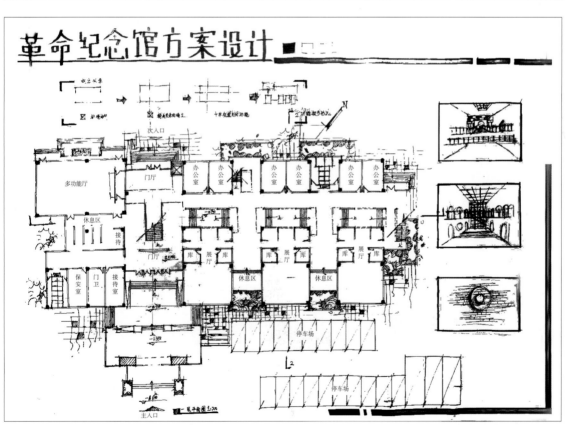

题目：
革命纪念馆

用纸：
A2 绘图纸

工具：
针管笔
马克笔
14B 铅笔

用时：
6 小时

作者：
王文涛

赏析： 该方案平面设计非常成熟，空间的开合感和序列感处理得恰到好处，形成丰富多变的空间层次。而且很好地照顾到每个空间单元的独立与共享，最终形成的整体效果也符合革命纪念馆的建筑性格。图纸的表达采用复合工具，做到单色表达却富有冲击力的效果。

题目：
　艺术家画廊
用纸：
　1# 拷贝纸
工具：
　14B 铅笔
用时：
　6 小时
作者：
　刘效栓

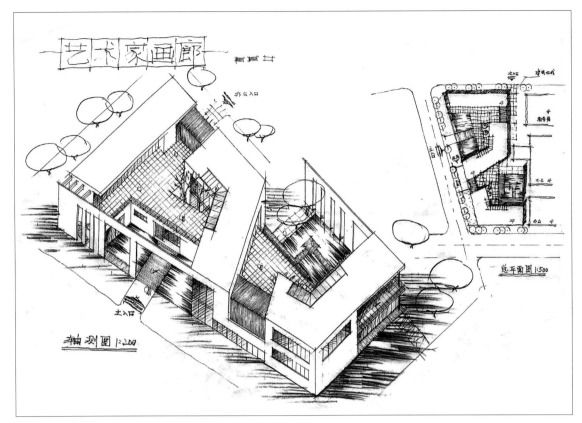

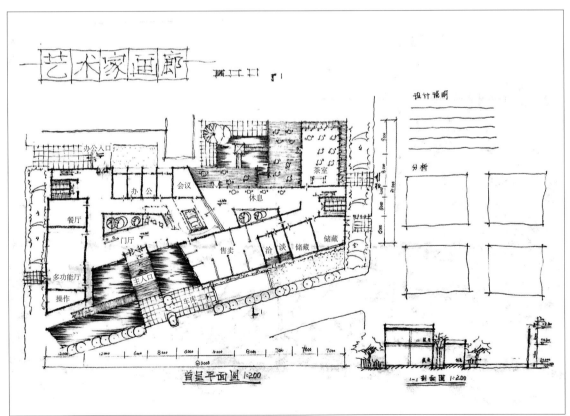

　　赏析： 该方案形体处理得比较好，运用"减法"和"完形法"进行构思，整体运用片墙把体量控制得很到位。平面的流线非常清晰，而且在清晰的基础上进行了成熟的空间的塑造。唯一的瑕疵就是每一个体块都比较单薄，建议有一块形体加厚处理会更有力度。

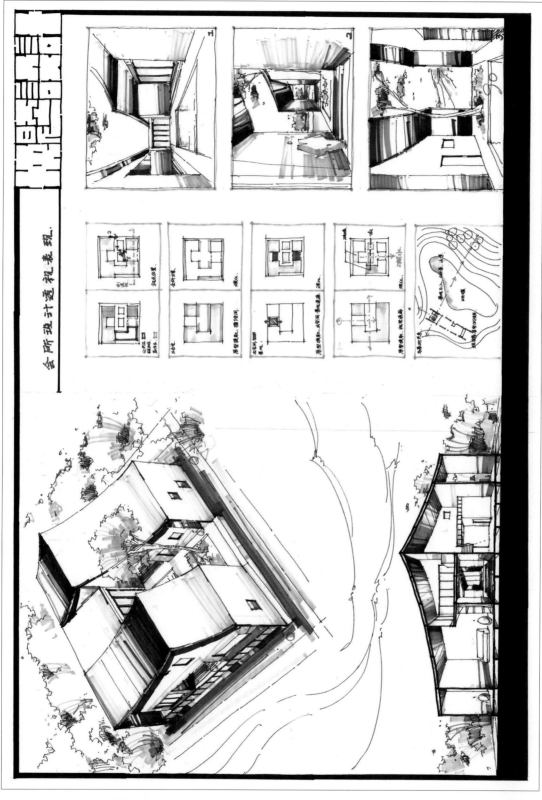

建筑快题设计

会所设计透视表现.

题目：会所设计　　用时：6小时
用纸：A2绘图纸　　作者：孙璐
工具：走珠笔 马克笔

赏析：此幅图中技术图不多，基本上全部为分析图，概念生成采用减关系思维，形体关系在整齐变化的基础上造了特色，创造了庭院空间。在表达的选取上，采用简洁的配色和干净肯定的线条语言讲述了方案，同时也印证了表达的目的就是服务于方案的观点。

225

题目：
社区小菜市场
用纸：
1# 拷贝纸
工具：
14B 铅笔
用时：
6 小时
作者：
王琛

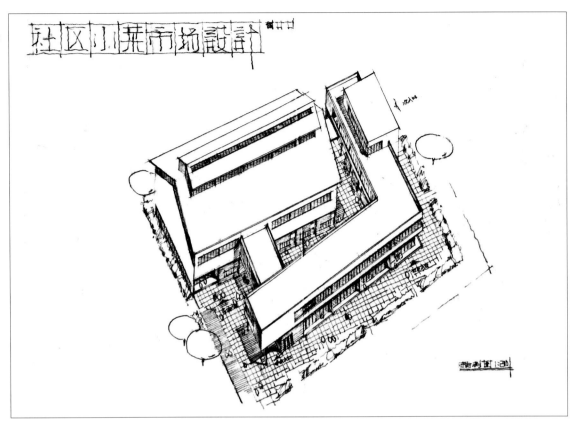

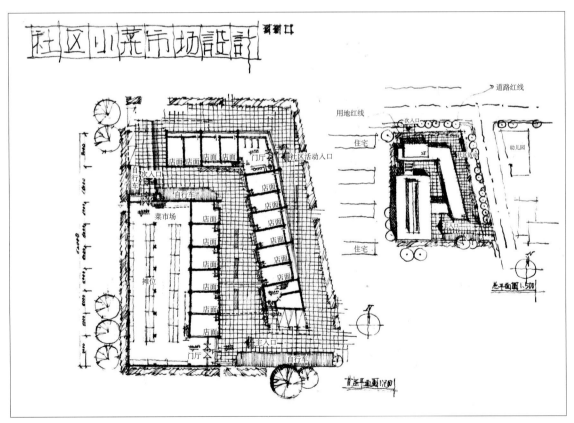

赏析： 该快题设计为考场 140 分回忆图，考虑到场地中幼儿园和菜市场人流的相互影响，同时考虑到菜市场的实际效益，通过设置一条内街力求商业利益最大化。在场地设计上做到与基地的契合，并设计了连续的沿街立面。形体上干净利索，大小结合处理得非常均衡，不失为一个非常优秀的快题设计。

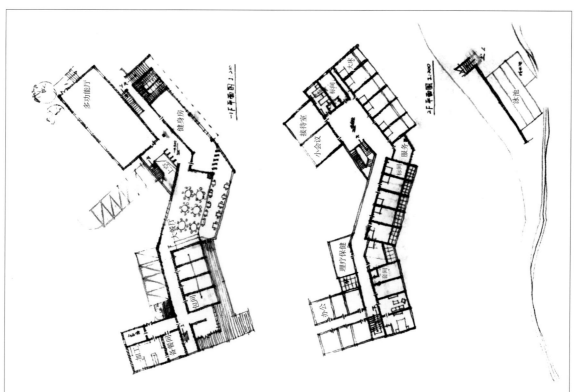

题目：城市休闲会所　　　　用时：6小时

用纸：1#拷贝纸　　　　作者：祁金金

工具：14B 铅笔

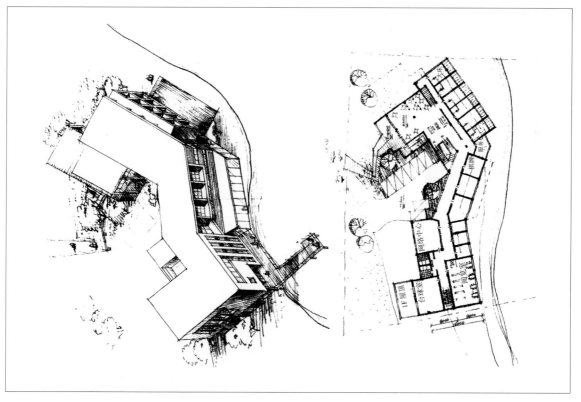

赏析：该方案采用非常常用的功能分区，分层采用明确，流线采用很有"蛇形"，流线采用很合理。在立面设计上，采用简洁且平面空间丰富的开窗结合进行塑造，的光影结合进行塑造，体现出了活动类建筑的建筑性格。整体表达白纸黑绘，富有层次，是一份优秀的快题设计。

题目：
康乐中心

用纸：
1# 拷贝纸

工具：
14B 铅笔

用时：
6 小时

作者：
江林燕

居住区康乐中心设计

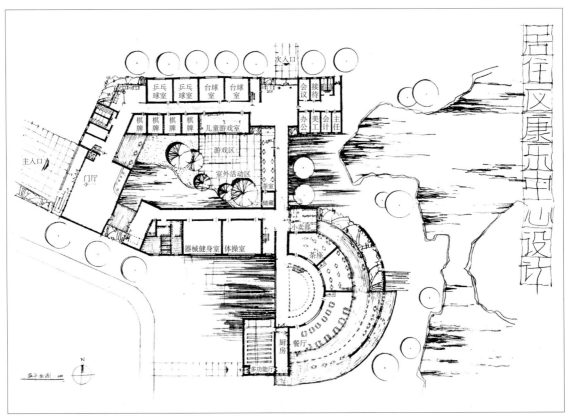

居住区康乐中心设计

赏析： 方案的形体布局非常舒适，合理地利用地形特征和其中的景观特色，通过几道转折和一个半圆弧，充分诠释了设计对场地的利用，功能布局合理高效，兼顾到不同分区的需求，对景观也实现了最大化利用，非常值得大家学习。图纸表达清晰、制图严谨。

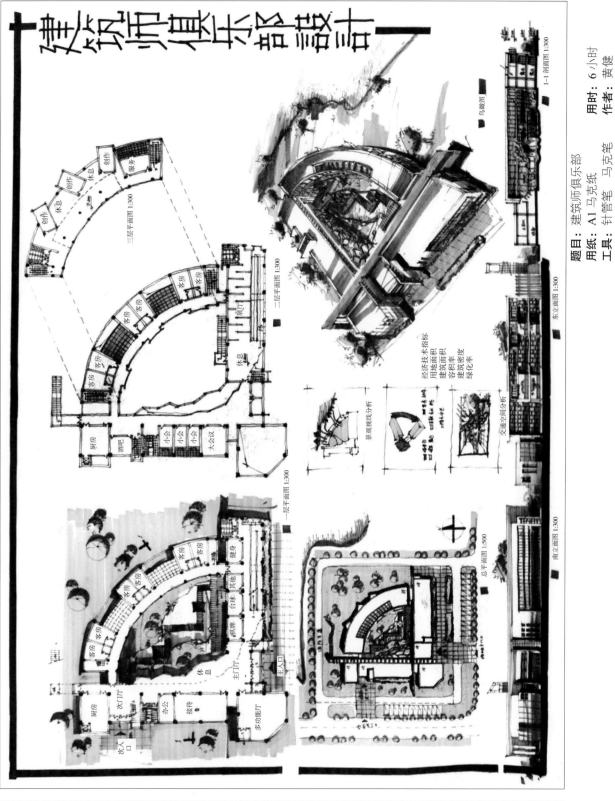

建筑师俱乐部设计

三层平面图 1:300

二层平面图 1:300

一层平面图 1:300

鸟瞰图

1-1 剖面图 1:300

东立面图 1:300

南立面图 1:300

总平面图 1:500

经济技术指标
用地面积
建筑面积
容积率
建筑密度
绿化率

景观视线分析

交通空间分析

题目：建筑师俱乐部
用纸：A1 马克纸
工具：针管笔 马克笔
用时：6小时
作者：黄健

赏析：本设计利用周边环境，利用了完整的场地，做了合理的功能分区，建筑形体生成得清晰，从形体的生成能够读懂建筑的空间组织。同时用者从不同的角度把握了平面的空间关系，运用着合理的打开和合理的属性，使得景观渗透到建筑内部。

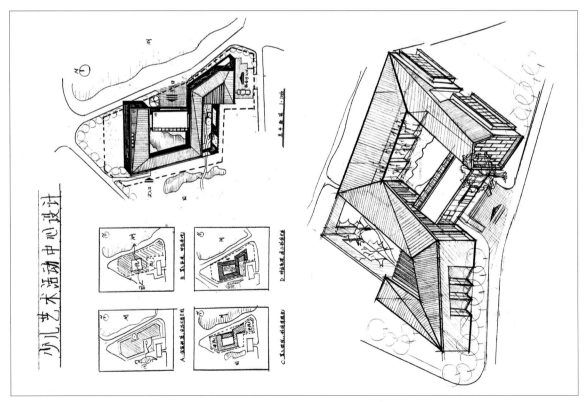

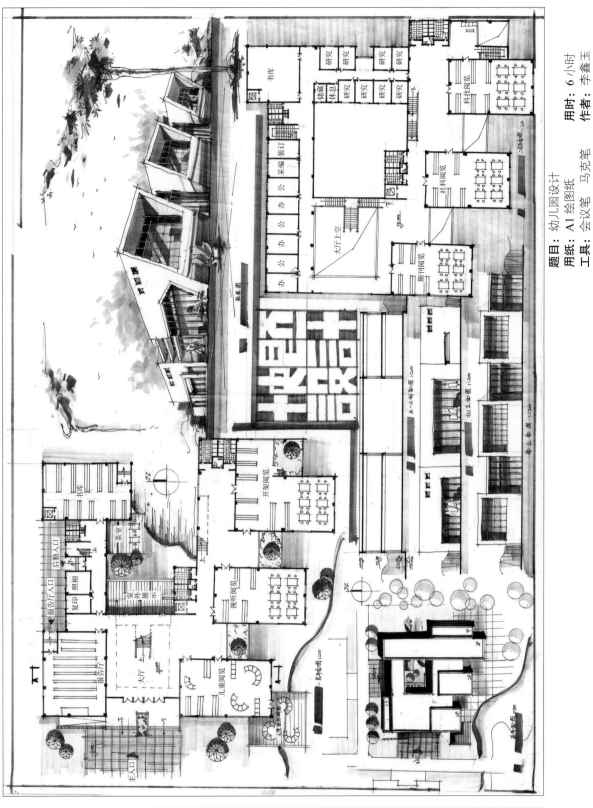

题目：幼儿园设计　　用时：6小时
用纸：A1 绘图纸
工具：会议笔　马克笔　　作者：李鑫玉

赏析： 本方案总图、平面设计图和立面图设计统一，造型性格明显。在最初总图形体设计的逻辑性，以及房间的功能排布要和平面功能相互对位，这样的设计才是从内向外的设计，否则就失去了设计的意义。表达虽用单色，但清晰严谨，充满自信。

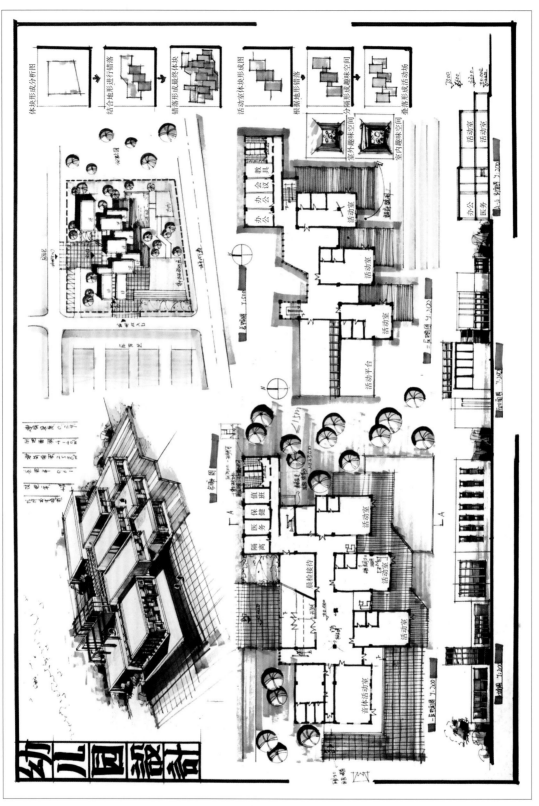

题目：幼儿园设计　用时：6小时
用纸：A1 绘图纸
工具：会议笔　马克笔　作者：王博航

赏析：采用尺规作图与徒手作图相互结合，线条简洁清晰有力，表达准确，同时展现了良好的建筑设计素养。平面图既能够增加光影同时能体现幼儿园的活泼气氛。采用加法生成形体，计手法造型不显杂乱，但主从关系明确，是一套不错的快题方案。

题目：
高校科技楼
用纸：
1# 拷贝纸
工具：
炭笔（软）
用时：
6 小时
作者：
李恬

高校科技楼设计

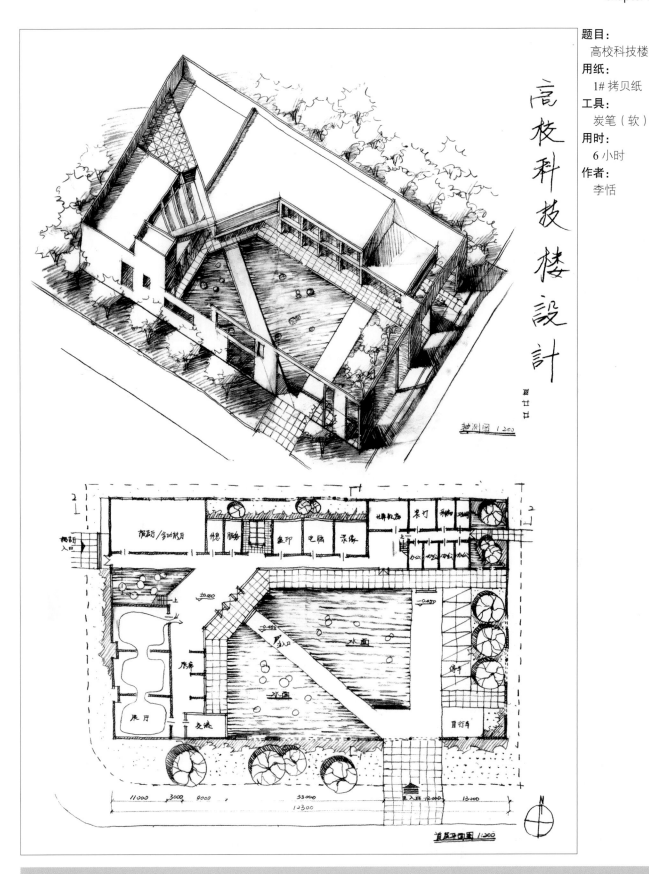

鸟瞰图 1:200

首层平面图 1:200

赏析： 该方案在形体生成手法上主要采用"减法"，并在建筑周边利用片墙对形体进行塑造，立面开窗简洁体现科技楼的建筑性格。在建筑前广场营造了广阔的前导空间结合滨水栈道进行设计，既能够结合景观营造场所感，同时提升主入口的引导性。平面空间根据交通的疏密关系来划分功能空间，布局合理。

题目: 青年旅舍设计 用时: 6 小时

用纸: A2 马克纸 作者: 王文涛

工具: 会议笔 马克笔

青年旅舍设计

青年旅舍设计

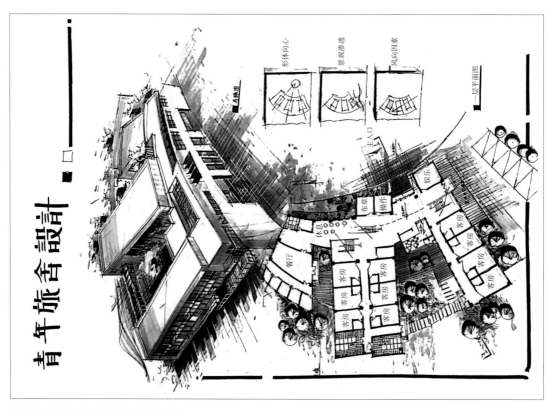

形体向心

景观渗透

风向因素

一层平面图

赏析: 该方案对采用 "加法" 进行塑造, 形体进行塑造, 将建筑的功能用房插入到建筑主要流线上, 简洁而表达线上, 简洁的表达以单重塑造为主, 着重塑造建筑的光影和形体关系, 是一份值得考生学习的优秀快题。

题目：
　健身医疗中心
用纸：
　A1 硫酸纸
工具：
　针管笔
　马克笔
用时：
　6 小时
作者：
　黄健

健身医疗中心设计 I

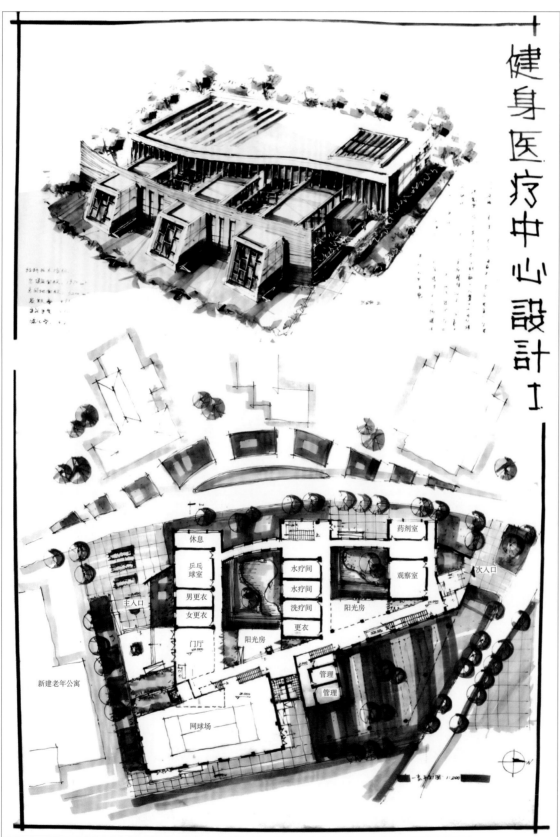

赏析：不论是总图构思、形体生成还是空间的组织，包括主入口以及景观渗透的处理都非常成熟。造型设计简洁而富有韵律感，开窗形式虽然少，但是通过每个单元的细节设计使其非常丰富，形成了建筑的韵律感。设计表达清晰准确，配色富有张力。

235

题目：城市客栈改造
用纸：A1 绘图纸
工具：走珠笔 马克笔

用时：6 小时
作者：孙璐

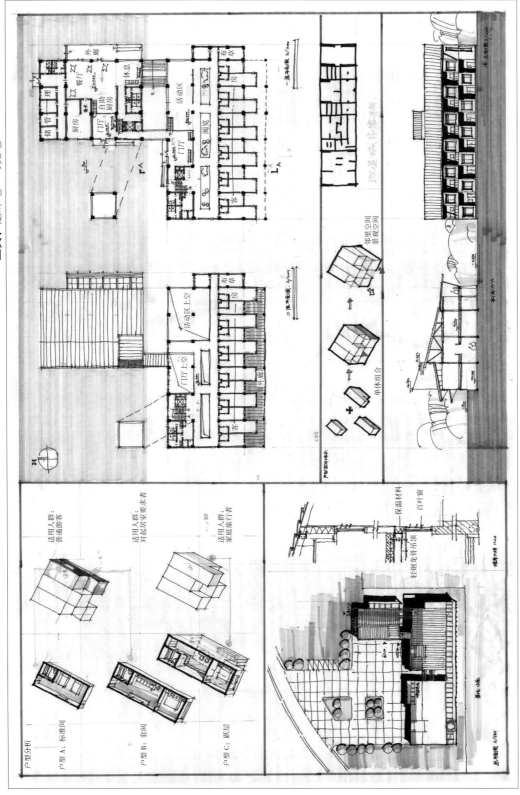

赏析：表现方式完全突出"自信"两个字，与其他的五彩缤纷的表现图不同，绘图图全程只用两种颜色简单的涂刷几笔，而不是为了表现去画图图。图纸内部选择剖切的设计，体现自己的空间设计，自己内部空间，整体图纸用剖图轴测，效果图采用制图轴测，体现了严谨和很高的建筑设计素养。

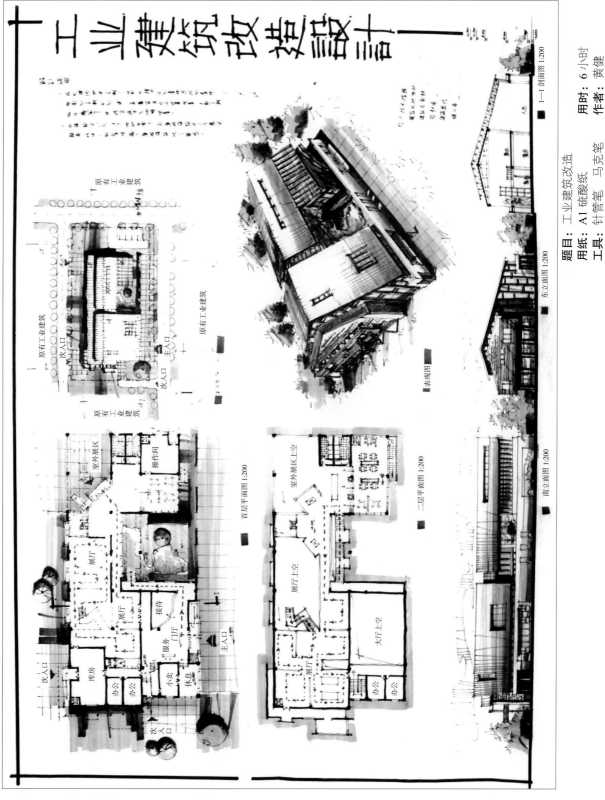

工业建筑改造设计

题目：工业建筑改造 用时：6小时
用纸：A1 硫酸纸 作者：黄健
工具：针管笔 马克笔

赏析：本案为工业建筑改造设计，保留了工业建筑的原有及结构骨感的气息，同时又能展露出展览类建筑的建筑性格。平面空间设计非常细腻，主入口门厅的空间组合关系张弛有度，展厅、大厅等空间（竖向交通）的塑造亦很成熟。

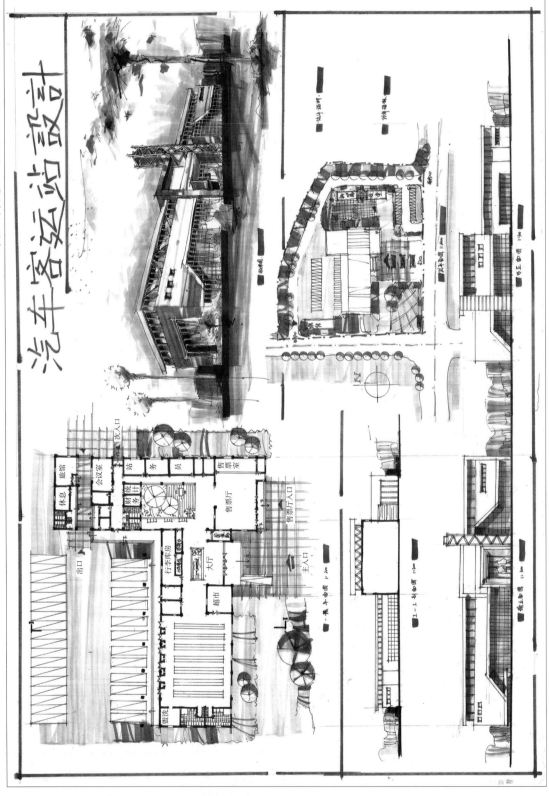

题目：汽车客运站　　　用时：6小时
用纸：A1 硫酸纸　　　作者：李鑫玉
工具：针管笔　马克笔

汽车客运站的设计

赏析：本方案设计为大型性建筑设计，这在快题设计中是为数不多的。用地面积大，是其特点。平面设计非常紧凑，在紧凑的基础上不显平面的疏密关系处理，手法非常娴熟。整体制图色系采用暖红色，非常新颖，线条潇洒、自信。